HARTWIG GÖRTLER

365 TAGE IM JAGDREVIER

PLANEN, HEGEN, BEUTE MACHEN – ERFOLGREICH DURCHS JAGDJAHR

KOSMOS

☞ Inhalt

VORWORT

Liebe Jägerinnen und Jäger,
als ich vor nun gut 15 Jahren mein Niederwildrevier in Oberbayern pachtete, standen mir zwei besondere Menschen mit viel Rat und Tat zur Seite: die Wildmeister Herbert Schröder und Jens Krüger. Beide sind erfahrene Berufsjäger mit einem umfangreichen Wissen rund um die Hege und Habitatmaßnahmen in Niederwildrevieren. Ich erzählte ihnen, was ich grob vorhabe und berichtete vom angedachten Revier. Herbert Schröder hörte sich meine großen Pläne an und kommentierte mit einem schelmischen Grinsen: Sieht gut aus, kann man was draus machen. Aber bist Du verrückt genug, es anzugehen? Nun, ich war verrückt

Als der Autor vor mehr als 15 Jahren sein Revier pachtete, standen ihm einige erfahrene Jäger mit Rat und Tat zur Seite.

Als passionierter Niederwildjäger führt der Autor einen Deutsch Kurzhaar namens „Hilla".

genug. Und ich habe es nie bereut – es macht auch heute noch eine unbändige Freude. Hase und Fasan sind mit guten Besätzen wieder fest etabliert. Mittlerweile haben sich auch zahlreiche Rebhuhngesperre angesiedelt. Der Kiebitz brütet. Waldschnepfen streichen durchs Feldgehölz. Sogar der Wiedehopf fühlt sich mittlerweile wohl. Ich werde weiter und mit Freude am, im und mit dem Revier arbeiten.
Vielen Dank Herbert und Jens, dass ihr mir über all die Jahre jede auch noch so dumme Frage beantwortet habt!
Jens Krüger gilt an dieser Stelle ein besonderer Dank, denn sein Buch „Der Jahresbegleiter des Jägers" war nicht nur mir, sondern auch vielen anderen Jägern und Pächtern eine echte Hilfe. Es führt Monat für Monat durch alle Themen der Revierarbeiten. 2013 erschienen, ist es leider längst vergriffen und ich habe Jens lange versucht aufzumüden und zu einer Überarbeitung zu überreden. Vor einiger Zeit sagte er dann: Du schreibst mittlerweile so viel über die Niederwildhege – mach es doch selbst! Das war der Startschuss für dieses Buch und es ist mir wichtig aufzuzeigen, dass es bei Weitem kein neues oder mein Buch ist, sondern in großen Teilen auf seinem Buch aufgebaut ist. Vielen Dank Jens, für dieses Vertrauen!
Wenn ich mich pflichtbewusst bedanke, muss ich das mit Sicherheit noch bei weiteren lieben Menschen tun: mein „Cousin" Heiner Steingrüber, ohne den ich sicherlich nie zur Jagd gekommen wäre. Heiner, ich sehe Dich heute noch um Dein Leben blatten, um mir meinen ersten Bock zu locken. Ohne Marion Friedhoff hätte ich nicht die Jagdhunde an meiner Seite, die es für die

Neben der Arbeit mit dem Hund ist der Autor auch von der Jagd mit Greifvögeln fasziniert – hier mit dem Adlerweib „Sansa".

Vor Ort ansässige Landwirte können dem Jäger wertvolle Tipps geben.

Jagd im Niederwildrevier braucht. Sie ist eine begnadete Ausbilderin für Hund und Führer – vielen Dank für Deine Geduld und Freundschaft!
Und natürlich Falkner und Adlermann Benedikt Demmler, der mir so viel zur Falknerei beigebracht hat und mir seine Greife zur Beiz anvertraut, als sei es das Normalste der Welt.
Da ich immer wieder auf mein Revier Bezug nehmen werde, sollte ich es kurz skizzieren. Es liegt in Oberbayern, zwischen München und Fürstenfeldbruck, also in einer Gegend, die nicht gerade für seine Hasen- oder Fasanenstrecken bekannt ist. Das Revier umfasst rund 860 ha, die sich in drei fast gleich große Jagdbögen natürlich abgrenzen. Es hat rund ein Drittel arrondierten Waldanteil und zwei Drittel ebenfalls zusammenhängende Feldjagd. Die beiden Feldteile werden durch einen Fluss getrennt, dessen Nebenarme und Zuläufe sich durch das Revier ziehen. Entlang des Flusses ist das Revier ein FFH-Gebiet, was uns natürlich in die Karten spielt. Die Feldflächen sind eher kleinteilig und werden mit unterschiedlichen Getreidearten und natürlich auch mit Mais bestellt. Zwischen den Feldern finden wir Feldhecken und Feldgehölze. Die Wiesen dienen fast ausschließlich der Raufutterernte und werden weder extensiv genutzt noch mehrmals im Jahr gemäht.
Die Größe des Revieres und sein Grundschnitt sind ein nicht unerheblicher Faktor, denn so haben Hegemaßnahmen ohne Zu- oder Abwanderung Erfolg, und das unabhängig von der Wildart. Ein weiterer wichtiger Faktor ist, dass meine Reviernachbarn dieselbe Begeisterung für das Niederwild haben wie ich, wir gut zusammenarbeiten und so eine inoffizielle Hegegemeinschaft mit gut 2.000 ha Fläche für das Niederwild bilden. Um ordentlich hegen und weitsich-

Lohn der Hegearbeiten der vergangenen 15 Jahre: eine bunte sowie große Niederwildstrecke

tig arbeiten zu können, braucht es neben der passenden Grundstruktur des Habitats eben auch Fläche – und das unabhängig von der Wildart. Um es bildlich zu sagen: Wenn ich auf einer Briefmarke jage und hier versuche, Hegeziele zu erreichen, ist die Wahrscheinlichkeit hoch, dass meine Ziele mit denen der Reviernachbarn kollidieren. Die Nachbarn strecken, was ich hegen möchte. Und sie wollen schonen, was ich vielleicht straff bejage.
Ein weiterer wichtiger Punkt ist die Zusammenarbeit mit den Landwirten, und die klappt wirklich hervorragend. Wir tauschen uns aus, besprechen unsere Vorhaben. Natürlich sehen sie, dass im Revier etwas mit Planung und Konzept vorangebracht wird, aber auch, dass wir uns neben dem Niederwild auch gut um Wildschaden und Verbiss kümmern. Im Gegenzug sehen wir nach der Ernte kaum ein Feld, dass nicht mit einer Zwischenfrucht bestellt ist. Zug um Zug konnten wir uns Stilllegungs- und Ausgleichsflächen sichern und kommen auf etwa zehn ha eigenbewirtschaftete Wildäcker und Äsungsflächen und weitere rund 30 Hektar entlang von Gewässern oder Feldgehölzen, die das Revier aufwerten und dem Niederwild einen Mehrwert bieten.

Viel Freude beim Lesen,
Ihr
Hartwig Görtler

JANUAR

VON HELFEN BIS JAGEN

„Werden die Tage länger, wird der Winter strenger", sagt eine alte Bauernregel. Die Tageslänge nimmt im Januar wieder deutlich zu.

Oft kommt der Januar auch mit starken Kälteeinbrüchen und Neuschnee daher. Da der Winter bei uns oft in mehreren Schüben stattfindet, sollte jede Schneelage für die Jagd genutzt werden. Schneemond, Eismond, Hartung, wie der Januar auch genannt wird, bieten nun eine ganze Reihe von Jagdmöglichkeiten. Auf einige dieser Möglichkeiten gehe ich im Folgenden ein – nur auf eine nicht: die Jagd auf Rehwild. Die sollte bis Weihnachten, spätestens zu Silvester, abgeschlossen sein und wir sollten dem Rehwild die dringend benötigte Ruhezeit gönnen.

JAGD AUF REHWILD

Rehwild hat in den meisten Bundesländern von Mai bis Ende Januar Jagdzeit. Es ist das gesamte Jahr hindurch hohem Stress ausgesetzt: Der immer stärker werdende Freizeitdruck vieler Naturbegeisterter übt zusätzlichen Stress aus. Neben diesen gesellschaftlichen Aspekten spricht auch die Wildbiologie dafür, das Rehwild so früh wie möglich zu schonen und den Abschuss so zu planen, dass er idealerweise bis Heiligabend erledigt ist. Der Lebensrhythmus des Reh-

Im Januar sollte die Rehwildjagd ruhen. Bis zum Jahreswechsel ist der Abschussplan zu erfüllen.

Keineswegs ruht die Jagd im Januar! Insbesondere dem Fuchs lässt sich in der Ranzzeit sehr gut nachstellen.

wilds stellt sich in der dunklen Jahreszeit völlig um. Aktivitäten werden zur Schonung der Fettreserven gedrosselt, der Aktionsradius verkleinert und Aggressionen abgeschaltet, wie man an der Bildung der Wintersprünge gut beobachten kann. Der Pansen kann in der Winterzeit einen höheren Rohfaseranteil verdauen, die Zotten verkleinern sich. Die Äsungsperioden verkürzen sich von über sieben Stunden im September/Oktober auf drei Stunden im Dezember/Januar, denn im Pansen mit seinen verkleinerten Zotten braucht der Verdauungsvorgang deutlich länger und das Rehwild stellt von Selektiväsung auf die Verdauung von Rohfasern um. Ruhe sowie eine an den Standort angepasste Wilddichte mit Äsungsflächen, Fütterung und Hege mit der Büchse sind die Grundlagen zur Erhaltung eines gesunden Wildbestands. Jagddruck ist als Störfaktor zu sehen, weshalb dieser stattfinden muss, bevor der Winter Einzug hält. Das bedeutet, dass man seinen Abschuss so früh wie möglich im Jahr erledigt haben sollte. Idealerweise bis Anfang Dezember – spätestens bis Weihnachten. Danach sollte in Bezug auf Rehwild „Hahn in Ruh“ sein.

DER FUCHS, DER RANZT IM JANUAR

Nicht auf Rehwild zu jagen, bedeutet nicht, dass man die Büchse wegschließen kann. Im Gegenteil, gerade in Feldrevieren gilt es nun, dem Fuchs nachzustellen! Jetzt können wir alle jagdlichen Register ziehen, um den Fuchs nachhaltig zu regulieren. Bei keiner Wildart bieten sich mehr Jagdarten als bei Reineke. Im Januar zur Ranzzeit steigt seine Aktivität enorm an. Die Paarungsbereitschaft der Fähe hält nur wenige Tage an. Während dieser Zeit sind Füchse teils bis in den Vormittag hinein unterwegs. Vorweg läuft immer die Fähe, von einem oder auch mehreren Rüden verfolgt. Sendermarkierte Füchse haben gezeigt, dass sie ihr Streifgebiet dabei verdreifachen. Schnee und Mond können nun wichtige Verbündete bei der erfolgreichen Bejagung sein. Doch in jedem Revier muss hier ein individueller Weg gefunden werden. Denn was nützt die Baujagd, wenn Reineke stets mit Grimbart den Bau teilt oder die Fangjagd, wenn keine Zeit zum morgendlichen Kontrollieren besteht? Was hilft der Mondschein, der Luderplatz, wenn der Jäger regelmäßig nachts arbeitet? In solchen Situationen gilt es, nach Alternativen zu suchen. Denn die gibt es reichlich.

Alt, aber bewährt: eine Mäuseburg kann über viele Jahre genutzt werden und muss vom Jäger kaum gewartet werden.

Neben einem Gruppenansitz eignet sich sogar die Pirsch bei Mond oder in den frühen Morgen- beziehungsweise Abendstunden. Ist der Fuchs auf der Jagd, kann er durchaus angepirscht werden. Und zieht Reineke mal kontinuierlich vom Jäger weg, kann er mit speziellen Geräuschen gereizt werden. Dafür greife ich gerne auf das Mäuseln zurück. Aber auch Hasen- und Vogelklage sind fantastische Helferlein. Ich selber bin ein großer Fan der Mäuseburg. Sie ist im Sommer schnell gebaut, und gut beschickt mit Mais oder Weizen wird sie von Mäusen gut bevölkert und von Raubzeug in der Folge regelmäßig angenommen.

INFO

Der sitzende Fuchs bietet eine große Trefferfläche. Durch die fehlende Bewegung lässt sich zudem gezielt ein ruhiger Schuss anbringen. Schnürt Reineke, kann er durch Mäuseln oder einen leisen Pfiff zum Verhoffen gebracht werden. Nun sollte rasch der Schuss fallen, denn der Räuber verhofft in der Regel nur für wenige Sekunden.

Jetzt muss der Schuss rasch fallen, ansonsten springt der verhoffende Fuchs ab.

WINTERHILFE FÜRS NIEDERWILD

Mit einer zurückhaltenden Bejagung leisten wir im Winter einen wichtigen Beitrag für das Niederwild. Große Gesellschaftsjagden sollten auf jeden Fall unterbleiben. Vom Hasensilvester ist vor diesem Hintergrund deshalb abzuraten. So versuchen wir der erhöhten Wintermortalität entgegenzuwirken. Ob überhaupt noch vereinzelt auf Niederwild gejagt wird, hängt von den vorhandenen Besätzen ab. Gerade in Revieren mit nicht ausreichender Lebensraumqualität sind die natürlichen Winterverluste besonders gravierend. Gewissermaßen entscheidet der Verlauf des Winters, ob ein Stökern auf Niederwild noch zu verantworten ist oder eben nicht. Herrscht anhaltender Barfrost (wenn es friert, ohne dass eine Schneedecke vorhanden ist) oder liegt eine geschlossene höhere Schneedecke, wird grundsätzlich nicht gejagt. Jeglicher Stress fürs Niederwild ist zu vermeiden, er führt nur zu weiteren Energieverlusten.

REBHUHN

Das Rebhuhn benötigt unsere Winterhilfe am dringendsten. Und das nicht nur, weil ihm sprichwörtlich das Wasser bis zum Halse steht. Rebhühner sind aufgrund ihrer natürlichen Ausstattung schlecht an harte Winter angepasst. Ursprünglich ist das Rebhuhn ein Bewohner der Steppen und Waldsteppen Osteuropas mit relativ geringer Schneelage. Es verfügt weder über umfangreiche Fettreserven noch über ein gut isolierendes Daunengefieder. Ab einer gewissen Schneehöhe ist es für Rebhühner unmöglich, an Äsung zu gelangen. Besonders bei verharschter Schneedecke leiden die Hühner Hungersnot. Lange Barfrostperioden mit schneidendem Wind können durchaus zum Erfrierungstod führen. Zudem sind geschwächte Hühner, dies gilt selbstverständlich auch für alle anderen Wildarten, eine leichte Beute fürs Haarraubwild und andere Beutegreifer. Bekannt ist, dass größere Ketten eine bessere Überlebenschance haben. Bei nur geringer Schneedecke ergeben sich für die Hühner

Vorteile hinsichtlich der Feindvermeidung, da sie sich im Schnee drücken können. Sie sind dann in der Lage, sich zur Äsung bis zum Boden durchzugraben. Vor allem das Rebhuhn wird es dem Jäger danken, wenn es regelmäßig und an denselben Stellen ein trockenes Plätzchen und Futter findet. Sowohl Fasane als auch Rebhühner können mit Weizen als zusätzliche Äsung im Winter unterstützt werden. Eines sollte der Jäger allerdings beachten: Während der Fasan ein festes Dach über dem Kopf schätzt, mag es das Rebhuhn lieber oben ohne und sollte am besten in dichten und trockenen Dornenverschlägen gefüttert werden.
Die Vögel erhalten an diesen Futterplätzen Dreschabfälle und Sämereien. Gut eignet sich auch Körnermischfutter für Hausgeflügel. Hühner liegen ungern mit anderen Völkern an einem Platz. Daher werden mehrere Futterstellen im Revier angelegt. Die Futterstellen werden mit einer dicken Schicht aus Dreschabfällen (Kaff) beschickt, sodass durch die bakteriellen Umsetzungsvorgänge im Kaff Wärme entsteht und sich die Hühner dort auch wärmen können. So bleibt der Platz lange schneefrei. Bei hohen Schneelagen sollten die Futterstellen mit Schaufel oder Schneeschieber freigelegt werden. Teile von Wegrändern, Wiesen und Saatschlägen werden ebenso vom Schnee befreit.
In den meisten Revieren Deutschlands ist die Bejagung des Rebhuhns bereits seit langer Zeit ausgesetzt – sei es durch gesetzliche Regelungen oder auf freiwilliger Basis. Wir sollten uns zum Grundsatz machen, bei einer Besatzdichte von unter drei Paaren pro 100 Hektar im Frühjahr und keinem deutlich erkennbaren Aufwärtstrend auf die Bejagung generell zu verzichten. Dabei ist insbesondere die Witterung in der Schlupf- und Aufzuchtzeit zu beachten. Gebiete mit noch intakter Besatzdichte haben als Reservoir für die Besiedlung wiederhergestellter Lebensräume eine enorme Bedeutung. Daher sollte hier ebenfalls auf eine Bejagung verzichtet werden.

FASAN

Der Fasan ist im Vergleich zum Rebhuhn robuster, da er im Winter geradezu ein Allesfresser ist. Doch bei hoher Schneelage ist der Fasan ebenfalls auf eine Zufütterung

Ist die Schneedecke nicht zu dick, können Rebhühner ihre Äsung freischarren.

Werden Fasane im Winter nicht gefüttert, wandern sie teils in ganzen Trupps aus dem Revier ab.

angewiesen, insbesondere wenn im Winter zu wenig Deckungsmöglichkeiten gegeben sind. Ausgleich schaffen hier kleine Waldstücke, mit einem Gürtel aus dichtem Strauchwerk oder stehende Feuchtgebietsvegetation, wie zum Beispiel Schilf oder Miscanthus. Die Zahl der Fütterungen hängt von der vorhandenen Winterdeckung im Revier ab, denn der Fasan wandert in Trupps ab, wenn er nicht gefüttert wird. Finden Fasane im Winter zu wenig Nahrung, sind die Vögel häufig gezwungen, auf offenen Flächen nach Äsung zu suchen. Ohne jegliche Deckung werden die Vögel dabei häufig von Beutegreifern entdeckt und getötet. Entscheidend ist die Wahl des richtigen Standorts der Fütterungen. Werden die Futterstellen falsch gewählt, wirken sie eher wie eine Falle anstatt wie eine Unterstützung. Fütterungen können beispielsweise mit Obst, Gemüse, Mais, Getreide, Eicheln, Rüben oder Trester beschickt werden. Hat der Fasan den Kropf voll, so trotzt er größter Kälte und Schnee. Außerdem bleibt er wachsam und verliert nicht sein instinktives Feindvermeidungsverhalten.

Füttert der Jäger über längere Zeit an einem Ort mit einer Schütte, siedeln sich häufig Ratten an.

Besser als Fasanenschütten eignen sich Futtereimer. Hier ist das Futter vor Ratten und Mäusen geschützt.

Von klassischen überdachten Fasanenschütten ist nach meiner Erfahrung abzuraten. Die Einrichtungen werden von den Vögeln zwar häufig angenommen, ziehen jedoch Mäuse und Ratten nahezu magisch an. Besser sind Futterfässer mit Spiralen oder einem Klarsichtbereich samt Wippbrett. Hierbei können die Fasane das Futter eräugen und es durch Picken herausrieseln lassen. Und auch die Rebhühner picken hier häufig mit. Für Ratten und Mäuse ist das angebotene Futter auf diese Weise unerreichbar. Auch unmittelbar unter den aufgehängten Futterfässern liegt in der Regel kaum Futter auf dem Boden. In Vorbereitung auf den nahenden Winter sollte sich der Niederwildheger deshalb im Spätsommer bzw. Herbst einen ausreichenden Vorrat

Bei länger andauernden Frostperiooden sammeln sich Enten an den verbliebenen offenen Wasserflächen.

an Winterfutter anlegen. Werden Fütterungen plötzlich im Winter nicht mehr beschickt, ist dies besonders schädlich fürs Wild, das sich bereits an die Reviereinrichtung gewöhnt hat.
Ab und an wird behauptet, dass Futterfässer eine gelbe Farbe haben sollten, da der Fasan diese deutlich besser annimmt als Fütterungen in anderen Farben. Nach meinen Erfahrungen ist dies völliger Blödsinn. Die von mir eingesetzten Tonnen sind allesamt braun oder blau. Jährlich werden in meinem Revier aus 15 Futterfässern rund 5.000 Liter Weizen verfüttert. Dies dürfte hinreichend belegen, dass Fütterungen in anderen Farben als Gelb durchaus angenommen werden.

ENTE

Enten leiden in Deutschland relativ selten Not. Das ändert sich allerdings schlagartig bei langanhaltenden Frostperioden, wenn große Mengen von Enten sich auf wenige noch offene Gewässerstellen zusammendrängen und dort abmagern. Die winterliche Fettreserve wird dann sehr schnell verbraucht. In solchen Fällen benötigen die Breitschnäbel die Hilfe von Jägern. Da in der Regel stehende Gewässer als Erste zufrieren, wird – wo es noch erlaubt ist – an geeigneten Stellen an Fließgewässern gefüttert, sollten diese im Revier vorhanden sein. Als Futter eignet sich dabei am besten Gerste, Weizen und Eicheln, aber auch Mais und Erbsen. In zehn bis zwanzig Zentimeter tiefem Wasser werden die Enten sehr schnell die Plätze finden und dort gründeln. Ansonsten ist auch ein Entenfloß noch immer eine gute Wahl. Es ist schnell gebaut, Anleitungen finden sich zuhauf im Internet. Man sollte nur an eine funktionierende Zugeinrichtung denken, mit der man das Floß zum Beschicken ans Ufer und danach wieder aufs Gewässer ziehen kann! Die Jagd unterbleibt bei starkem und länger anhaltendem Frost selbstverständlich.

HASE

Hasen werden in der Regel im Winter nicht zusätzlich gefüttert. Dargereichtes Futter wird ohnehin meist sehr schlecht angenommen. Erst in extremer Notlage, wie beispielsweise bei hohen Schneelagen, sollte mit ausgelegten Äpfeln und Rüben geholfen werden. Der Schneepflug leistet in solchen Fällen ebenfalls gute Dienste, weil damit natürliche Äsungsquellen freigelegt werden können. Prossholzflächen (Weichhölzer, die im Winter zur Äsung ausgelegt werden), Obstbaumkulturen, Alleen sowie Knicks bieten Hasen im Winter ebenfalls Äsungsquellen. Auch das Rehwild und andere Schalenwildarten profitieren in der kalten Jahreszeit von solchen Flächen im Revier und sogar Fasane beäsen im Winter gelegentlich Knospen. Sind keine Flächen dieser Art vorhanden, sollte dringend über die Anlage nachgedacht werden. Prossholzflächen sind spezielle Verbissflächen fürs Wild, wobei besonders der Feldhase neben den geästen Trieben gern auch Rinde schält. Zusätzlich entstehen durch Prosshölzer gute Deckungsmöglichkeiten für sämtliche Niederwildarten. Schnitt und Absägen erfolgen im Spätwinter bis maximal in den März hinein je nach den winterlichen Gegebenheiten. Um die Eigenschaft der Deckung zu erhalten, wird nicht die gesamte Prossholzfläche oder der ganze Knick abgesägt, sondern jährlich immer nur ein Teil.

KRÄHENJAGD

Die Populationen von Rabenvögeln steigen über ganz Deutschland verteilt stetig an. Sie gehören zu den größten Feinden von Niederwild und Singvögeln. Das gilt für

Gute Tarnung ist bei der Krähenjagd absolut notwendig.

die Rabenkrähe ebenso wie für Elster und Eichelhäher. Vor allem im Winter können die gefiederten Räuber gut bejagt werden, sei es mit der Kugel oder mit Schrot.
Bei der Jagd kann es sich der Jäger zunutze machen, dass insbesondere die Rabenkrähe auf Raubvögel und Raubwild hasst. Ein wenig Luder mit kleinem Lockbild, eine aufgebockte Uhu-Attrappe oder auch ein Fuchspräparat ziehen die schwarzen Gesellen häufig in Scharen an. Aus der Tarnhütte oder dem Tarnzelt lässt sich auf diese Weise reichlich Beute machen. Wichtig ist hier einmal mehr ein gut apportierender Hund, der die erlegten Vögel verlässlich bringt. Denn erlegte Rabenkrähen im Lockbild wirken wie Scheuchen auf die verbliebenen Artgenossen.

Bei der Lockjagd auf Rabenkrähen ist der brauchbare Jagdhund stets im Krähenschirm mitzuführen.

Passt das Lockbild und die Jagdstrategie, lassen sich in kurzer Zeit viele Krähen erbeuten.

01

02

NEUES REVIER IN AUSSICHT?

Der eine oder andere Jäger spielt zu Beginn des Jahres mit dem Gedanken, ein eigenes Revier zu pachten. Bei einigen soll sich damit ein lang gehegter Traum erfüllt werden. Doch damit dies nicht zum Albtraum wird, sollten einige grundsätzliche Dinge unbedingt im Vorfeld bedacht werden. Zunächst sollte man sich ehrlich und intensiv die Frage stellen, ob es tatsächlich ein eigenes Revier sein muss. Denn wird der Hegeanspruch ernst genommen, kommt damit auf den zukünftigen Pächter einiges an Arbeit zu – und dass für die nächsten neun bis zwölf Jahre. Ein Revier zu haben, heißt, sich auf die Natur und ihre Abläufe einzulassen. Mit der Hege, die nicht nur rechtlich verpflichtend, sondern auch einer der wichtigsten Rechtfertigungsgründe für die Jagd selbst ist, bekommt unser liebstes Hobby eine ganz neue Richtung. Während man als Begehungsscheininhaber doch eher die Chance hat, sich seine jagdlichen Aktivitäten einzuteilen und sie seinen privaten oder beruflichen Verpflichtungen unterzuordnen, ist das als Pächter nicht mehr ohne Weiteres möglich. Wildäcker und Blühstreifen säen sich nicht von allein, Saattermine werden von der Natur und dem Wetter vorgegeben. Auch die Habitataufwertung hat einen festen Platz im Kalender und es wird passieren, dass ein geplanter Skiurlaub mit dem Termin zur Heckenpflege kollidiert. Auch füttern kann der Jäger nicht dann, wenn es ihm gerade in den Kram passt, sondern wenn die Situation es erfordert. Dies soll keinesfalls ein Plädoyer gegen das Pachten sein – man muss sich nur über die Konsequenzen im Klaren sein.

Um mit dem potenziellen neuen Revier nicht auf die Nase zu fallen, sollten auch Merkmale des Reviers selbst unter die Lupe genommen werden. Zum Beispiel wäre da die Reviergröße. Um wirklich hegen zu können,

macht es wenig Sinn, hier zu klein zu denken – andersherum macht ein sehr großes Revier auch sehr viel Arbeit. Wird das Hegeziel wirklich ernst genommen, sollte ein Revier aus meiner Sicht mindestens 400 Hektar groß sein. Das liegt schon allein im Territorialverhalten unserer häufigsten Schalenwildarten begründet. Rehwild hat ein Einstandsgebiet von rund 120 Hektar. Beim Schwarzwild liegt dies sogar im Bereich zwischen 1.000 und 5.000 Hektar – je nach Äsungsangebot. Allein um diese beiden Wildarten sauber hegen und bejagen zu können, brauche ich Fläche, um die Stücke zu steuern, zu binden und um die Hege und den Abschuss zu planen – ohne dass einem der Nachbar freiwillig oder unfreiwillig in die Planungen reingrätscht. Wie soll beispielsweise Wild geschont werden, wenn es nur wenige Meter weiter intensiv bejagt wird. Womit wir drei von vier weiteren wichtigen Faktoren benannt haben: die vorkommenden Wildarten, das Habitat und die Revier-

01 Während Begehungsscheininhaber sich die Jagd einteilen können, ist der Pächter deutlich fester gebunden.

02 Beispielsweise beim Abwenden von Wildschäden besteht meist kein zeitlicher Spielraum.

03 Damit Schwarzwild vernünftig bejagt und gehegt werden kann, ist eine ausreichende Revierfläche unumgänglich.

03

nachbarn. Mit den Jagdgenossen, also den „Verpächtern“, ist das Quartett dann komplett. Bevor der Pachtvertrag unterschrieben wird, sollte man möglichst wissen, wie die Nachbarn und Jagdgenossen ticken. Nichts kann einem die Freude am neuen Revier schneller und langanhaltender vergällen als mitgepachtete Probleme. Hier hilft es, in der Kreisjägerschaft verankert zu sein. Denn man kennt sich untereinander und bekommt schnell den einen oder anderen Hinweis, sowohl zu anderen Pächtern als auch über Landwirte und Waldbesitzer.
Wildarten, Habitat und Wildschaden gehen Hand in Hand. Basierend auf den vorhandenen Wildarten und abhängig davon, ob sie Stand- oder Wechselwild sind, sollte sich der potenzielle Pächter das Revier genau anschauen. Das Warum liegt auf der Hand: Schwarzwild als Standwild bei einem sehr hohen Waldanteil im Revier ist etwas völlig

01

02

anderes, als wenn im Revier ein sehr hoher Feldanteil mit reichlich Maisanbau vorhanden ist. In solch einem Feldrevier ist die Gefahr von ausufernden Wildschäden durchaus gegeben. Bei Reh- und Rotwild verhält es sich hingegen andersherum. Sie richten im Feld tendenziell weniger Schaden an und sind dort auch leichter ansprech- und jagdbar. Vor Pachtübernahme lohnt sich auch ein Waldbegang mit Eigentümern und einem Vertreter aus dem Forst. Dabei sollte die Verbiss- und Fegesituation unter die Lupe genommen werden. In Niederwildrevieren ist nicht nur die Größe des Feldanteils, sondern auch dessen Beschaffenheit von großem Interesse.

Folgende Fragen sollte sich der potenzielle Pächter dabei stellen:

— Wie intensiv ist die Landwirtschaft?
— Wie groß sind die unterschiedlichen Parzellen?
— Gibt es Wasser in Form von Bächen oder Teichen?
— Wie sieht es mit Feldgehölzen, Hecken und Knicks aus?

... immer verbunden mit der selbstkritischen Frage: Will ich mir das antun?

Zu guter Letzt sollte man sich auch die vorhandenen Reviereinrichtungen genau anschauen. Wo und wie viele sind vorhanden? Stehen sie an den richtigen Stellen (vor allem in Revieren, die sehr lange verpachtet waren)? In welchem Zustand sind sie? Was kosten Übernahme oder Neubau?

01 Kommen Wasserflächen in der Landschaft vor, wertet dies ein Revier positiv auf.

02 Heckenstrukturen sind für Reviere mit einem hohen Offenflächenanteil sehr wichtig.

03 Wird ein potenziell zu pachtendes Revier besichtigt, sollten auch die Ansitzeinrichtungen begutachtet werden.

03

FEBRUAR

ÄSUNGSKNAPPHEIT UND LEBENSRAUMGESTALTUNG

Wir müssen uns bewusst machen, dass die ersten beiden Monate des Jahres die Hungermonate des Wildes sind. Es sind Zeiten knapper und zum Teil schwer zugänglicher Äsung.

Kälte und Nässe sorgen rasch dafür, dass die Notreserven bei Wildtieren aufgebraucht sind. Gleichzeitig wird auch für die Entwicklung der Embryonen bei weiblichen Stücken sowie die Geweihentwicklung, wie beispielsweise bei Rehböcken, viel Energie benötigt. Umso wichtiger sind in dieser Zeit Rückzugszonen für das Wild. Das Schaffen dieser Orte wird am besten im Januar und Februar angegangen. Es sind – zusammen mit dem Saatmonat März – die wichtigsten Hegezeiträume. Und so wichtig gewissenhafte Hege im eigenen Revier ist – richtigen Erfolg hat man nur in der Breite, mit Masse und Klasse. Hege sollte daher ein Gemeinschaftsprojekt mit den Reviernachbarn sein. Zum einen haben wir Jäger die gesetzliche Pflicht zur Hege, was leider zu oft in Vergessenheit geraten zu sein scheint. Weil es so ein wichtiges Kernelement der Jagd und eine Rechtfertigung unseres Handelns ist, ist bereits ganz vorn im Bundesjagdgesetz, §1 (1) und (2) hinterlegt: (...) Mit dem Jagdrecht ist die Pflicht zur Hege verbunden. Die Hege hat zum Ziel die Erhaltung eines den landschaftlichen (...) Verhältnissen angepassten, artenreichen und gesunden Wildbestandes sowie die Pflege und Sicherung seiner Lebensgrundlagen.

Zum anderen wissen wir, dass insbesondere der Zustand der Niederwildbesätze von drei wesentlichen Faktoren abhängt, von denen wir zwei unmittelbar beeinflussen können:

— Wetter
— Qualität der Lebensräume
— Beutegreiferdruck

Rehböcke benötigen im Winter Energie und Nährstoffe, da sie in dieser Zeit ihre Gehörne schieben.

Während das Wetter für uns nicht zu beeinflussen ist, können wir uns der anderen beiden Faktoren annehmen, wobei meiner Einschätzung nach der Aspekt der Lebensraumverbesserung einen höheren Stellenwert hat als der Aspekt des Beutegreiferdrucks. Warum? Wenn kein Beutegreifer im Revier wäre, das Niederwild aber weder Deckung noch Äsung hätte, würden die Besätze trotzdem zugrunde gehen. Andersherum würde es jedoch funktionieren.

HECKEN UND GEHÖLZE PFLEGEN

Da Wildäcker und Blühstreifen erst im März bestellt werden können, steht im Januar sowie Februar ausreichend Freiraum für die Heckenpflege zur Verfügung. Rechtzeitig genug, um zur Brut- und Setzzeit im März mit diesem Arbeitsschritt fertig zu sein.

ÜBER HECKEN

Im Rahmen von Pflanz- und Pflegeaktionen dürfen keinesfalls Hegebüsche, heute auch gern Feldholzinseln genannt, vergessen werden. Diese Flächen sind in der heutigen Zeit, wo vielerorts strukturlose Agrarsteppen zu finden sind, wahre Oasen fürs Niederwild. Hegebüsche oder Feldholzinseln sollen dem Niederwild alles bieten, was es zu seinem Wohlbefinden benötigt. Der Verarmung von einheimischer Tier- und Pflanzenwelt kann damit unmittelbar entgegengewirkt werden. Doch leider reicht ein Hegebusch auf 500 Hektar nicht aus. Zahlreiche Arten haben einen geringen Aktionsradius. Deshalb müssen Hegebüsche mit anderen Biotopen, wie zum Beispiel Hecken, vernetzt werden, damit die Arten insgesamt ein größeres Gebiet nutzen können. Jeder Hegebusch sollte dabei eine Größe von rund 20 Quadratmetern aufweisen. Das perfekt gestaltete Niederwildrevier verfügt über so-

Damit die schützende Funktion von Hecken erhalten bleibt, müssen diese regelmäßig gepflegt werden.

Innerhalb von Hecken können Wildtiere in Deckung von einem Biotop in ein anderes wandern.

Ein etwa zwei bis drei Meter breiter Saumstreifen an den Rändern einer Hecke sind ideal.

genannte Trittsteinbiotope. Dabei liegen Deckungs- und Äsungskomplexe verstreut in der Landschaft in einem Abstand, in dem selbst Amphibien und Insekten sich von Biotop zu Biotop bewegen können. Die Artenvielfalt konzentriert sich so nicht nur auf vereinzelte kleine Flächen, und die Jagd wird den Beutegreifern erschwert.

Eine ideale Feldholzinsel besteht aus:

— Saumzone
— Mantelzone
— Kernzone

In der Saumzone wachsen Gräser, Kräuter sowie Stauden. Der Bereich sollte zwei bis drei Meter breit sein. Sträucher sollten in diesem Bereich möglichst ausbleiben. Diese Pufferzone schließt so eine Wurzel- und Nährstoffkonkurrenz aus und verhindert eine Beschattung der angrenzenden Kulturen. Eine selbstständige Begrünung ist dabei ökologisch immer die beste Lösung. Die Mantelzone wird im äußeren Bereich mit niedrigen Sträuchern von maximal drei Metern Höhe bepflanzt. Ringsum schließt sich im Optimalfall eine dichte sowie breite Dornenstrauchhecke an. Folgende Arten können dafür genutzt werden: Sanddorn, Weißdorn, Schlehe, Wildapfel, Wildrosen, Brombeere usw.

Durch Kletterpflanzen wie Geißblatt, Bittersüß, Hopfen, Waldrebe und vor allem durch die in alle Lücken der Büsche hineinwachsende Brombeere kann der Rand fast undurchdringlich für Menschen gestaltet werden. Der dichte Rand muss als natürliche Barriere fungieren, damit Ruhe im Hegebusch herrscht. Zudem bietet der Saum viele Nistplätze, und die Wildrose mit ihren Hagebutten sichert vielen Tierarten – von der Feldmaus bis zum Fasan – eine vitaminreiche Herbst- und Winteräsung. Holunder, Schneeball, Heckenkirsche sowie niedrig wachsende Weidenarten sollten in der Mantelzone ebenfalls nicht fehlen. Generell wer-

Schwarzdorn bietet neben Deckung auch reichlich Äsung für Wildtiere.

Ebereschen ziehen mit ihren Früchten Vögel an, die wiederum für neue Sämereien sorgen.

den jedoch nur standortgerechte Pflanzen verwendet. Die Kernzone besteht aus größeren Strauch- und Baumarten mit einer Höhe von vier bis sechs Metern, wie zum Beispiel Eberesche, Hainbuche, Traubenkirsche, Feldahorn oder Hasel.

Die Kernzone sollte keinesfalls zu dicht gepflanzt werden. Schließt sich oben erst einmal das Kronendach, stirbt am Boden durch Beschattung alles ab. Für Hegebüsche gilt der Grundsatz: „Oben licht, unten dicht." Diese Regel ist vor allem für spätere Pflegeeingriffe wichtig. So werden zu hoch gewachsene Bäume gefällt oder geringelt. Im zweiten Fall wird an den entsprechenden Bäumen ein Rindenstreifen von etwa 30 Zentimetern Breite rund um den Stamm entfernt. Auf diese Weise sterben die geringelten Bäume ab. Das Totholz bleibt jedoch für Vogel- und Insektenarten als Brut- und Unterschlupfmöglichkeit erhalten. Die Beratungsstellen der Unteren Landespflegebehörden helfen bei der Erstellung eines Bepflanzungsplans sowie der späteren Pflege sogar je nach Bundesland mit. Einige Landesjagdverbände bezuschussen zudem die Anlage von Hegebüschen.

HECKENPFLEGE

Sehr wichtig ist die regelmäßige Pflege von Feldhecken sowie Feldgehölzen. Werden diese Lebensräume über Jahre hinweg nicht gepflegt, wachsen Sträucher und Bäume ungehindert weiter. Von außen erscheinen diese Areale zwar schier undurchdringlich, schaut man jedoch ins Innere, wird man aufgrund der Beschattung nur noch wenige Arten finden. Deckung unmittelbar am Boden ist dann meist nicht mehr vorhanden. Eine Feldhecke sollte eine Höhe von maximal zwei bis drei Metern haben. Diese Maximalhöhe kommt auch Landwirten mit angrenzenden Flächen zugute. Denn die auf zwei bis drei Meter Höhe zurückgeschnittenen Bäume sorgen natürlich für deutlich weniger Schatten auf den angrenzenden Ackerkulturen als zehn Meter hohe Exemplare. Weiterhin verhindert eine dichte und gut gepflegte Hecke deutlich besser die Erosion von Ackerböden im Offenland.

Damit ein solcher Optimalzustand erreicht wird, sollte die Hecke pro Jahr stückweise gepflegt werden. Jedes Jahr werden rund 20 Prozent der Heckenfläche bearbeitet, sodass die gesamte Hecke nach etwa fünf Jahren

Lichte Baumstreifen bieten wenig Deckung fürs Wild und schützen nur unzureichend vor Erosion.

durchgearbeitet ist. Bei den Pflegearbeiten werden die Gehölze in einer Höhe von rund 20 Zentimetern abgesägt. Das Schnittgut sollte dabei möglichst einheitlich in eine Richtung umgelegt werden. Aus dem abgeschnittenen Material wird anschließend eine Benjes- oder Schnittguthecke aufgeschichtet. Im ersten Jahr sieht die frisch gepflegte Hecke noch etwas karg aus. Doch das verändert sich rasch! Bereits in der ersten Vegetationsperiode nach der Pflegemaßnahme wachsen am Boden bereits zahlreiche Gräser. Vögel bringen durch ihre Hinterlassenschaften zudem Sämereien von Pflanzen und Gehölzen in den Heckenbereich ein, die dort auskeimen und die Artenvielfalt somit erhöhen. Schon im zweiten Jahr ist so ein dichter Bewuchs vorhanden, der sich über die kommenden Jahre stetig weiterentwickeln wird. Doch auch wir Jäger können hier unmittelbar für zusätzliche Arten sorgen. Weißdorn, Schwarzdorn sowie Brombeere sind leicht zu bekommen und in Hecken geradezu optimal. Die genannten Arten wachsen so gut wie überall an, werden schnell dicht und halten mit ihren Stacheln sowie Dornen Mensch, Hund und Raubzeug ab.

Dort, wo Hecken nur noch rudimentär oder womöglich gar nicht mehr vorhanden sind, bietet es sich an, sie neu anzupflanzen. Das ist sicherlich aufwendiger als ein Rückschnitt – aber der Nutzen einer Hecke ist schlichtweg zu hoch, um diese Option gänzlich außer Acht zu lassen. Ob als Deckung oder als Erosionsschutz, sie bietet Vorteile für Wild, Jagd und Landwirtschaft. Die Neuanlage einer Hecke kann im Frühjahr erfolgen, besser ist jedoch die Neuanpflanzung am Ende des Jahres. Tipps und Tricks dazu finden sich deshalb im Kapitel „Dezember".

Vögel sorgen durch ihre Hinterlassenschaften für zusätzlichen Eintrag von Samen in die Hecke.

BENJES- UND PROSSHOLZHECKEN

Mit dem Astwerk, das beim Rückschnitt anfällt, kann eine Benjeshecke angelegt werden. Diese Nutzung hat Hermann Benjes Ende der 1980er-Jahre entwickelt. Durch das lockere Aufhäufen von dünneren Ästen und Zweigen zu einem langen „Gehölzschlauch" schafft man Deckung für allerlei Getier. Hier können Samen anfliegen oder von Vögeln herangetragen werden und Initialpflanzen auflaufen. Auf diese Weise wird das bei der Heckenpflege anfallende Material sinnvoll genutzt, neuer Lebensraum wird geschaffen und auf das mühsame Anpflanzen von Sträuchern kann verzichtet werden. Prossholzhecken haben bei laufender Pflege eine Lebenserwartung von 30 bis 40 Jahren, lohnen also im Nieder- wie im Hochwildrevier. Geeignete Standorte sind Weg- sowie Grabenränder, Böschungen, Brachflächen und nasse Wiesen. Für den Erfolg sind eine gute Wasserversorgung und

Das Schaffen von Deckung mit Stecklingen ist günstig und geht schnell von der Hand.

Beim Heckenschnitt anfallendes Material kann für die Anlage einer Benjeshecke genutzt werden.

Die Stecklinge werden zu rund zwei Drittel in den Boden gesteckt.

hoher Lichteinfall Grundbedingungen. Doch in der Regel sind solche Flächen in nahezu jedem Revier zu finden.

Die Pflanzung von Stecklingen ist die einfachste und günstigste Methode, um schnell und dauerhaft Äsung sowie Deckung zu schaffen. Zwar lassen sich eine ganze Reihe Bäume und Sträucher vegetativ über den Steckling vermehren, bei vielen ist es aber kompliziert. Im Freiland lassen sich Weiden am besten stecken. Alle Arten von Baum- und Strauchweiden, mit Ausnahme der Salweiden, deren Steckhölzer erfahrungsgemäß schlecht bewurzeln, lassen sich gut über Steckhölzer vermehren. Für das Steckholz werden vorzugsweise die im Revier bereits vorhandenen sowie verbissenen Strauchweiden genutzt.

Die Vermehrung von nicht beästen Weidenbüschen, auch wenn sie gut gewachsen sind, lohnt sich oft nicht. Die beste Zeit zur Gewinnung von Weidenstecklingen liegt zwischen Winterausgang und der Blüte der Weiden im Frühjahr. Zwar ist es möglich, das Austreiben der Steckhölzer in einem Kühlhaus wochenlang zu verzögern, doch besser als das Zwischenlagern ist das sofortige Weiterverarbeiten im Revier. Daher gewinnen wir die Stecklinge erst kurz vor dem eintreffenden Frühjahr. Die abgeschnittenen Stecklinge sollten möglichst unmittelbar nach dem Schnitt in einen Eimer gestellt werden. Dabei ist darauf zu achten, dass die Hölzer mit der Wuchsrichtung nach oben in den Eimer gestellt werden. Diese Arbeitsweise erleichtert das spätere Stecken der Stecklinge erheblich. Denn versehentlich verkehrt herum in den Boden gesteckte Steckhölzer wachsen nicht an und die Arbeit war damit umsonst.

Bei der Stecklingsgewinnung werden daumendicke Triebe abgeschnitten und in rund 30 Zentimeter lange Abschnitte unterteilt. Die Stecklinge werden mit einer scharfen Gartenschere leicht schräg abgeschnitten, sodass Quetschungen und Ausfransungen vermieden werden. Der glatte, leicht schräge Schnitt erleichtert nicht nur das Stecken, sondern vermindert auch die Gefahr von Infektionen der Leitgefäße, welche das Anwachsen verzögern würden. Die Stecklinge werden zu rund zwei Dritteln leicht schräg in den Boden gedrückt. Für stark verkrautete Flächen sollten die Stecklinge etwas länger geschnitten werden. So wird ein „Ersticken" der Stecklinge in der Krautschicht verhindert. Falls möglich, kann die Fläche vor dem Stecken gemulcht werden. Auf diese Weise starten die neuen Heckenpflanzen weitgehend ohne Konkurrenzvegetation. Ein bis zwei Triebaugen sollten bei den Stecklingen stets über dem Boden herausschauen. Mittels einer Kopfdüngung mit Volldünger kann der Wuchs zusätzlich unterstützt werden.

Der Pflanzabstand kann ruhig einen Meter betragen bei einem Reihenabstand von zwei bis 2,50 Metern. Das Anlegen von Kleinstflächen mit einer Größe von 100 bis 200 Quadratmetern reicht völlig aus. Denn es kommt insbesondere darauf an, viele über das gesamte Revier verteilte kleine Flächen anzubieten und diese möglichst mit anderen Lebensräumen zu vernetzen. Wer mit offenem Auge durchs Revier geht, wird rasch geeignete Flächen finden. Hinsichtlich der Anzahl der Pflanzen sollte eher geklotzt als gekleckert werden. Denn der Verbissdruck auf die neu angelegten Prossholzflächen ist enorm – dies sollte der Jäger keinesfalls unterschätzen. Viele der gesteckten Pflanzen werden deshalb in der Folgezeit ausfallen.

Bei Pflanzungen an Gewässerrändern und auf feuchten Standorten können auch ein oder zwei Meter lange armdicke und möglichst lange Knüppel verwendet werden. Diese werden unten angespitzt bzw. spitz angeschnitten und mit einem Vorschlaghammer 0,5 bis einen Meter in den Boden gerammt. Das durch die Schläge zersplitterte obere Stück wird anschließend leicht schräg und möglichst glatt abgesägt. Solche Hölzer werden im ersten Jahr oft schon regelrechte Bau-

Weiden können auch an Gewässerrändern ausgebracht werden. Die Bäume gedeihen hier prächtig.

Kopfweiden sind nicht nur fürs Wild interessant. Auch Fledermaus- und Eulenarten profitieren von diesen Bäumen.

me, die im Abstand von etwa drei Jahren regelmäßig zurückgeschnitten werden sollten. Häufig entwickeln sich diese Pflanzen zu knorrigen Kopfweiden, die Lebensraum für allerhand verschiedener Arten sind. Wichtig ist, dass Prosshölzer ab einer Höhe von rund drei Metern auf den Stock gesetzt werden. Dabei werden die Pflanzen in einer Höhe von rund 30 Zentimetern zurückgeschnitten. Der Rückschnitt erfolgt auch hier nicht auf ganzer Fläche gleichzeitig, sondern in Abschnitten, damit Äsung und Deckung kontinuierlich vorhanden sind. Diese Pflege sollte allerdings bis spätestens März erfolgen, also deutlich vor Beginn der Brut- und Setzzeit erledigt sein. Prossholzflächen eignen sich jedoch keineswegs nur für Niederwild- bzw. Offenlandrevieren. Auch in Waldrevieren leisten sie gute Dienste. Hier sind die Flächen allerdings spezielle Verbiss- und Schälflächen für das wiederkäuende Schalenwild. Der Verbissdruck auf die forstlichen Kulturen wird verringert, denn Prossholz bietet eiweiß- und mineralstoffreiche, zellulosehaltige zähe Äsung.

ABWURFZEIT BEIM ROTWILD

In Rotwildgebieten beginnt im März die Zeit der sogenannten Zackelsucher. Für den Jäger, der seine Hirsche kennt und über Jahre hinweg beobachtet, ist dies nach der Brunft häufig die aufregendste Zeit. Wer freut sich nicht, wenn er eine Stange oder sogar Passstangen aufliest und sie voller Stolz Freunden und Bekannten zeigen kann? Der Geweihabwurf erfolgt, wenn der Testosteronspiegel im Blut der Hirsche seinen niedrigsten Stand erreicht hat. Durch die einsetzende starke Durchblutung der Zellschicht zwischen Rosenstock und Geweihstange sitzt die Trophäe nun locker und fällt irgendwann ab. Im Februar und März

Durch Prossholzflächen kann verbeißendes Schalenwild im Revier gelenkt werden.

fallen mitunter beide Stangen nahezu gleichzeitig, sodass die begehrten Passstangen gefunden werden können. Häufig tragen Hirsche die auf dem Haupt verbliebene Stange nach dem Abwerfen der ersten nur noch einige Stunden, so besteht die Möglichkeit, dass die Passstange ganz in der Nähe der zuerst abgeworfenen Stange zu finden ist. Bei jungen Hirschen verbleibt die verbliebene Stange häufig noch einige Tage auf dem Haupt des Geweihten.
Je nachdem, wie die von außen nach innen fortschreitende Lockerung des Rosenstockkerns verläuft, nimmt auch das Petschaft der abgeworfenen Stange eine entsprechende Form an. Stark vorgewölbte Petschäfte sind ein Zeichen von Jugend, hohle Petschafte dagegen ein Zeichen hohen Alters. Man kann also anhand des Petschafts das Alter des Geweihten grob taxieren. Einen Hinweis auf das Alter liefert auch der Petschaftdurchmesser, der mit dem Alter des Hirsches zunimmt. Er entspricht dem Durchmesser der Rosenstöcke, der sich von etwa zwei Zentimeter beim jungen Hirsch auf gut fünf Zentimeter beim alten Hirsch vergrößern kann, während umgekehrt die Höhe der Rosenstöcke von etwa sechs auf zwei Zentimeter abnimmt. Der jährliche Geweihabwurf wird durch den Hormonhaushalt kontrolliert. Die Konzentration im Blut des in den Brunftkugeln gebildeten männlichen Geschlechtshormons Testosteron steuert den Zeitpunkt des Abwerfens. Er beruht auf der jahresperiodischen Veränderung der Tag- und Nacht-Länge. Geregelt wird die Hormonausschüttung durch die mit dem Zwischenhirn unmittelbar in Verbindung stehende Hirnanhangdrüse (Hypophyse). Die Hormonproduktion der Hirnanhangdrüse ist gemäß dem Jahreslauf der Erde um die Sonne beträchtlichen Schwankungen unterworfen. Infolgedessen haben alle Cerviden jährlich nur eine Brunftperiode, deren Zeitpunkt nach der Sommersonnenwende liegt. Darum wird der Fortpflanzungsrhythmus des von der nördlichen Erdhalbkugel auf die südliche Halbkugel umgesiedelten Rotwildes stark verändert. Dementsprechend brunftet zum Beispiel das aus Schottland nach Neuseeland umgesiedelte Rotwild unter dem gleichen Sonnenstand wie in der Heimat, das heißt im März bzw. April.

Ab Februar/März beginnen die Rothirsche mit dem Abwerfen ihrer Geweihe.

Das Ende der Kolbenzeit wird durch eine starke Zunahme des Geschlechtshormons bestimmt, das zum Verkalken und Absterben des Kolbengewebes führt. Ist das Geweih fertig ausgebildet und vollständig verknöchert, kommt die Durchblutung zwischen Geweihkern und Bast zum Erliegen. Damit entfällt die Funktion des Bastes als Schutzhülle und Träger der ernährenden Gefäße. Der arteigene Bauplan des Geweihs ist genetisch festgelegt. Inwieweit er realisiert wird, insbesondere hinsichtlich der Stärke, hängt aber nicht allein von der Erbanlage des Geweihträgers ab. Der Bauplan wird weitestgehend von Umweltverhältnissen beeinflusst, im Wesentlichen von der Güte der Äsung. Das fertige Geweih besteht, ähnlich wie das normale Skelett, überwiegend aus phosphorsaurem Kalk (48 Prozent) und 44 Prozent mineralsalzhaltigen Eiweißverbindungen. Dazu kommen fünf Prozent kohlensaurer Kalk und zwei Prozent kohlensaures Magnesium. Bedenkt man, dass Hirsche kaum mehr als vier Monate für den Geweihaufbau brauchen, so ist das eine beachtliche Leistung. Wundheilung und Bildung der gleichzeitig entstehenden „Gewebeknospen“, aus denen neuer Geweihknochen hervorgeht, vollziehen sich in bemerkenswerter Geschwindigkeit. Bei größeren Arten wie beim Rothirsch entwickelt sich neues Knochengewebe mit einer Wachstumsgeschwindigkeit von etwa einem Zentimeter pro Tag. Verantwortlich für dieses Wachstum sind Stammzellen. Stammzellpopulationen im Körper existieren in sogenannten Nischen. Diese speziellen Bereiche in den Körpergeweben werden bei Bedarf für notwendige Geweberegenerationen aktiviert. Göttinger Wissenschaftler nehmen an, dass auch bei Hirschen so eine Stammzellnische in der Knochenhaut des Stirnzapfens vorhanden ist und dass die jährliche Regeneration des Geweihs von einer periodischen Aktivierung dieser

Nach dem Herbst und Winter müssen alle Ansitzeinrichtungen im Revier kontrolliert werden.

Während bei uns das Abwerfen beginnt, startet beim Rotwild in Neuseeland so langsam die Brunft.

Stammzellen abhängt. (Quelle: Universitätsmedizin Göttingen, Georg-August-Universität, Dr. Hans Joachim Rolf)

REVIEREINRICHTUNGEN ÜBERPRÜFEN

Bei den vielen Reviergängen und Ansitzen in den Vormonaten zum Aufgang des neuen Jagdjahres werden häufig Mängel an Ansitzeinrichtungen entdeckt. Da in den kurzen Tagen der Wintermonate Revierarbeiten oft unterbleiben, steht nun viel Arbeit an. Alle Ansitzeinrichtungen sollten einmal jährlich gründlich überprüft und bei Bedarf repariert und freigeschnitten werden. Laut Unfallverhütungsvorschriften sind wir Jäger dazu verpflichtet, den

Insbesondere wenn tragende Teile durchgefault sind, kann die Ansitzeinrichtung in der Regel nicht mehr repariert werden.

01

03

Zustand der jagdlichen Einrichtungen zu prüfen, zu dokumentieren und sie so instand zu halten, dass sie gefährdungsfrei genutzt werden können. Doch bevor Sprossen, Holme oder Stützen ausgewechselt werden, sollten die Sitze gründlich inspiziert werden. Denn häufig ist ein Abriss der alten Ansitzeinrichtung sowie das Aufstellen einer neuen Kanzel weniger Arbeit, als die alte Kiste jährlich mehr schlecht als recht zu reparieren.

02

KANZELN UMSTELLEN

Bei der einen oder anderen Kanzel hat sich vielleicht herausgestellt, dass der Platz nicht mehr zweckmäßig ist. Dies geschieht rasch, wenn Bestände aus dem Dickungsalter wachsen und das Wild nicht mehr die vormals beliebten Einstände annimmt. Eine ältere, baufällige Kanzel hat dort ohnehin nichts mehr zu suchen. Ist sie allerdings völlig intakt, lässt sie sich durchaus im Revier umstellen, auch wenn es sich um eine größere, geschlossene Kanzel handelt.
Selbstverständlich ist, dass wir beim Aufstellen von Ansitzeinrichtungen zudem auf die Hauptwindrichtung, Wechsel, Sicht- und Schussfeld sowie Kugelfang und zum Beispiel auch auf Gebäude im Hinterland achten, also Risiken von vornherein ausschalten. Rasch werden wir bei kritischer Betrachtung erken-

04

nen, dass die Anzahl der geschlossenen Kanzeln im Revier auf nur wenige, wirklich notwendige beschränkt werden kann. Ganz ohne geschlossene Kanzeln werden wir aber aus meiner Sicht jedoch nicht auskommen, auch wenn manche Jäger anderer Meinung sind. Nicht in jedem Revier ist ebenerdiges Schießen möglich. Zwar fordert und schult das Pirschen die Sinnesorgane des Jägers, doch gerade in Hochwildrevieren oder beim nächtlichen Sauenansitz bei Wind und Wetter wird die Notwendigkeit geschlossener Kanzeln schnell offensichtlich bzw. fühlbar.

Vorteile geschlossener Kanzeln:

— Schussgabe wird durch steileren Neigungswinkel sicherer
— Ansitz beunruhigt das Wild weniger
— Geräusche werden gedämpft
— Wild kann in Ruhe angesprochen werden
— durch Pirschwege werden die Ansitze unter Deckung erreicht (sehen, aber nicht gesehen werden)
— bessere Übersicht
— Schutz vor Wettereinflüssen
— durch entsprechende Höhe sind wir eventuell unabhängiger vom Wind

Nachteile geschlossener Kanzeln:

— Schwierigkeit, Kanzel in die Landschaft einzupassen
— teils hoher Arbeits- und Kostenaufwand
— fehlende Nähe zur Natur

01 Sind die Ansitzeinrichtungen noch weitgehend in Ordnung, können sie mit dem richtigen Equipment im Revier umgestellt werden.

02 Bei der Aufstellung von Ansitzeinrichtungen muss unter anderem ausreichender Kugelfang gegeben sein.

03 Ansitzleitern lassen sich optisch deutlich besser in die Landschaft integrieren als große geschlossene Kanzeln.

04 Geschlossene Kanzeln bieten dem Jäger in der Regel mehr Komfort als offene Ansitzeinrichtungen.

MÄRZ

PLANUNGS- UND PFLANZZEIT

Das Jagdjahr klingt aus. Es ist nicht nur die Zeit des Übergangs vom Rickenkitz zum Schmalreh, vom Frischling zum Überläufer oder vom Hirschkalb zum Schmalspießer. Es ist auch die Zeit, um Bilanz zu ziehen.

Ein guter Zeitpunkt, sich mit seinen Jagdfreunden zusammenzusetzen und das Jagdjahr noch einmal Revue passieren zu lassen. Im Rückblick können häufig Fehler identifiziert und dadurch in der Zukunft vermieden werden. Passend zum März einmal den Publizist Walter Nowak-Nordheim zitierend: „Hege und Jagd füllten ein Jagdjahr mit Hoffen und Glück, aber auch mit Grübeleien und manchmal mit Verzagen. Und es ist noch kein Jäger in den Wald gegangen, ohne mit neuer Kraft, mit wacheren Sinnen, mit klareren Gedanken und mit ausgeglichenem Gemüt zurückzukehren. So gesehen ist auch der März ein Jagdmonat, bei dem es zwar weniger zu schießen, aber umso mehr zu sehen und zu bedenken gibt."

PLANUNG FÜRS NÄCHSTE JAGDJAHR

Im März werden entscheidende Weichen für die Hege gestellt. Wer ein langes Jagdjahr vernünftig gestalten will, der kann sich jetzt im wahrsten Sinne des Wortes „ein gutes, grünes Gewissen schaffen". Der März ist der wichtigste und letzte Monat, um sich für die Bestellung vorhandener und die Anlage neuer Wildäsungsflächen zu entscheiden, wenn sie im kommenden Jagdjahr noch voll genutzt werden sollen. März und April sind klassische Pflanz- und Saatmonate. Da wir den Kampf um unser Niederwild noch lange nicht aufgegeben haben, gilt es jetzt, die Lebensräume für den Sommer zu schaffen. Wir schaffen Deckung und Lebensraum für die Brut- und Setzzeit, der Aufzuchtzeit und für den noch fernen Winter. Vor allem die Niederwildhege erfordert eine umfassende Kenntnis durch den Jäger. Die Hege in einem Hochwildrevier ist im Vergleich dazu doch relativ simpel. Wer es aber schafft, in seinem Niederwildrevier die Besätze nicht nur zu halten, sondern zu erhöhen, der verdient in meinen Augen den allergrößten Respekt. Er ist Lebensraumgestalter, Wildackerspezialist sowie Biologe, der immer wieder neue Erkenntnisse und Ideen in die Praxis umsetzt. Einer, der nicht aufgibt, trotz vielleicht anfänglicher Misserfolge. Letztlich ist er derjenige, der den aktiven Naturschutz am intensivsten betreibt. Bodenbrüter, Watvögel sowie Amphibien profitieren ebenfalls vom aktiven Niederwildheger. Er sollte aus meiner Sicht von allen Seiten wesentlich mehr Unterstützung und Zuspruch bekommen, damit Musterreviere, wie wir sie erfreulicherweise zunehmend haben, keine Einzelfälle bleiben. Wildäcker und Äsungsflächen werden gemulcht, gepflügt oder gegrubbert, damit sie neu angesät werden können. Jetzt ist auch der Zeitpunkt, um Stilllegungsflächen „in Beschlag" zu nehmen.

SAATARBEIT IM REVIER

Feld- und Wiesenraine werden als Kleinsthabitate häufig unterschätzt. Dabei haben sie zahlreiche positive Eigenschaften. Zunächst einmal hat kaum ein Landwirt ein Problem damit, wenn sie als Blühstreifen genutzt werden. Sie stehen dem Jäger somit häufig für hegerische Maßnahmen zur Verfügung. Sie bieten dem Wild Abwechslung zwischen den landwirtschaftlichen Monokulturen – auch nach der Ernte, was dem Ernteschock entgegenwirkt. Aus denselben Gründen sind sie ein Eldorado für Insekten und Kleinsäuger – was in der Summe wiederum auch für das Raubzeug interessant ist. So bieten sich dem Raubwildjäger hier gute Möglichkeiten, den schnürenden Fuchs oder den springenden Marder zu erbeuten.

Idealerweise hat der Jäger sich bereits im Januar oder Februar mit dem Landwirt abgestimmt und gemeinsam besprochen und geplant, welche Flächen für hegerische Maßnahmen genutzt werden können. Sein O. K. vorausgesetzt, ist das Folgende unkompliziert: Sobald der Boden frostfrei ist, kann die zuvor beschaffte Feldrain-Saatgutmischung entlang der Wiesen und Felder eingearbeitet werden. Ein 30 bis 50 cm breiter Streifen ist hier vollkommen ausreichend. Breiter ist natürlich immer besser. Aber hier müssen Kompromisse mit dem Landwirt gefunden werden. Zeitig gesät, sind auf diesen Flächen bereits im Mai erste Erfolge in Form allerlei blühender Pflanzen zu entdecken. Vor der Saatmaßnahme bietet es sich an, Informationen zur Bodenbeschaffenheit

Blühstreifen werten die häufig vorkommende Agrarsteppe enorm auf.

Mit ein wenig Saatgut und den passenden Flächen lässt sich im Revier so einiges bewirken.

Informationen zum Boden kann der hilfsbereite Landwirt oder eine gezogene Bodenprobe liefern.

Der Jäger kann sich fertiger Saatgutmischungen bedienen oder die Sämereien selbst zusammenstellen.

zu sammeln. Die örtlichen Landwirte kennen sich in der Regel aus und helfen häufig gern weiter. Ist es ein eher saurer Boden? Ist er eher kalkarm oder ausreichend mit Kalk versorgt? Wie steht es um die Wasserversorgung? Dominiert Sand oder Lehm? All das hat großen Einfluss auf die auszuwählende Saatmischung.

Beim Blick auf das üppige Angebot der Saatguthersteller wird so manchem Jäger schwindelig – welche Mischung soll bloß ausgewählt werden? Hier gilt es zu testen. Wichtig ist, dass die Mischung zum Boden im jeweiligen Revier passt. Wenn die Saatgutmischung aufgegangen ist, sollte ein Bewuchs in verschiedenen Höhenstufen vorhanden sein. Optimal ist eine Art dreiteiliger Aufbau. Die höchsten Pflanzen bieten dem Wild bei ausreichender Dichte nach oben Schutz gegen Habicht, Bussard oder Rabenkrähe. Der mittlere Aufbau ist wichtig für eine ausreichende Deckung. Im untersten Bereich der Flächen sollten die niedrigsten Pflanzen für ausreichend Äsung sorgen. Man muss kein Kräuterkundler oder Botaniker sein, um einen Wildacker oder Blühstreifen anzulegen: je bunter, desto besser. Auf diese Weise aufgewertete Flächen sehen nicht nur gut aus. Sie ziehen auch unzählige Insekten an, die für die Küken von Fasan oder Rebhuhn so enorm wichtig sind.

HECKEN AUFWERTEN

Nachdem in den Vormonaten Hecken gepflegt und zurückgeschnitten wurden, können sie nun noch zusätzlich aufgewertet werden. Ein breiter Altgrassaum entlang der Hecken wertet diese aus hegerischer Sicht deutlich auf. Ideal sind dabei Breiten von zwei Metern und mehr – aber auch hier gilt: lieber (nur) einen ein Meter breiten Altgrasstreifen als gar keinen! Das Anlegen der Streifen ist recht einfach. Ich nutze dazu gern hochwachsende Gräser verschiedener Arten. Ist ein wenig Saatgut von den Wild-

Miscanthus kann zur Schaffung von Deckung zusätzlich ausgebracht werden.

äckern übrig geblieben, kann dies natürlich ebenso genutzt werden. Und auch das Ausbringen von Miscanthus kann in Betracht gezogen werden. Hauptsache der Bewuchs auf den Streifen ist einigermaßen hoch, dicht sowie mehrjährig.

Bei Blühflächen muss nicht unbedingt in Größen von mehreren Hektar gedacht werden. Viele kleine Flächen von Zimmergröße und etwas darüber über das gesamte Revier verteilt, haben häufig einen noch besseren Effekt. Doch auch hier stellt sich dem Jäger bei der Anlage die Frage, welche Saatgutmischung ausgebracht werden soll. Die ernüchternde Antwort: Im Grunde ist es egal, solange zwei Dinge beachtet werden: Zum einen sollte die Mischung zum Boden passen. Zum anderen macht es Sinn, die Pflanzenmischung nach den vorkommenden Wildarten auszurichten. Hasen brauchen weniger Sonnenblumen, dafür mehr Arten aus der Hasenapotheke: Dazu zählen beispielsweise verschiedene Kleesorten, Luzerne, Schafgarbe, Ringelblume, wilder Kümmel, wilde Möhre, Fenchel, Petersilie oder Löwenzahn. All das schmeckt übrigens auch dem Rehwild.

Vertreter unserer kleinsten einheimischen Schalenwildart können auf diese Weise aktiv im Revier gelenkt und so beispielsweise von forstlichen Verjüngungsflächen zeitweise ferngehalten werden. Ein gutes Argument, um den Landeigentümer von der Anlage einer Blühfläche auf einem seiner Grundstücke zu überzeugen! Federwildarten wie Fasan und Rebhuhn freuen sich zudem über Senf, Phacelia, Sonnenblumen sowie Lupinen.

Durch die Fülle verschiedener Pflanzen sind Wildäcker für Rehwild besonders attraktiv.

EINJÄHRIG ODER MEHRJÄHRIG?

Die eine wahre Antwort gibt es auf diese Frage nicht. Denn die Beantwortung hängt zum einen davon ab, wie lange die Fläche dem Jäger zur Verfügung steht. Wurde die Nutzung lediglich für ein oder zwei Jahre zugesichert, kann auf eine mehrjährige Mischung logischerweise verzichtet werden. Mehrjährige Mischungen haben aus meiner Sicht einen wesentlichen Vor- und Nachteil: Sie machen dem Jäger weniger Arbeit und bieten dem Wild, je mehr sie verkrauten, ein hohes Maß an Deckung sowie Äsung. Nachteil: Im ersten Jahr sind die Flächen mit weitem Abstand am attraktivsten. In den Folgejahren nimmt die Attraktivität stetig ab und die Flächen wirken rasch ungepflegt. In Revierteilen mit hohem Besucherdruck bin ich daher zu einjährigen Mischungen übergegangen. Dies sorgt für Freude bei der erholungssuchenden Bevölkerung, was wiederum für ein positives Image von Jagd und Jägern sorgt.

ANLAGE VON STREUOBSTWIESEN

Streuobstwiesen stellten früher einen wertvollen Lebensraum für eine spezialisierte Pflanzen- und Tierwelt dar. Auf Streuobstwiesen und Altgrasflächen pulsiert das Leben – vom Insekt, über Mäuse, Junghasen, Steinkauz, Pirol bis hin zu Igel, Dachs, Reh sowie Hirsch. Letztgenannte werden von den herabfallenden Früchten nahezu magisch angezogen. Streuobstwiesen dien-

Früher lieferten sie Nahrung für uns Menschen, heute sind Streuobstwiesen besonders wertvoll für den Naturschutz.

ten der menschlichen Ernährung, als das Obst noch direkt vom Baum oder der Wiese und nicht aus dem Geschäft geholt wurde. Heute existieren jedoch nur noch zwei bis drei Prozent der ursprünglichen Streuobstwiesen.

Bei der Anlage solcher Flächen werden die Obstbäume in einem Verband von 10 x 10 m gepflanzt. Ideal ist ein Alter von drei bis vier Jahren, damit die jungen Bäumchen nicht von Gräsern und Kräutern überwuchert werden. Bei einer Streuobstwiese ist Masse gleich Klasse. Zehn Obstbäume hier und 20 dort ergeben noch keine Streuobstwiese. Auch die Größe der Fläche ist entscheidend. Optimal sind dabei Areale von einem Hektar und mehr. Obstbäume können zwar auch als Solitärbäume, in Gruppen oder am Rand eines Wildackers in Reihe gepflanzt werden, sie erfüllen dort aber nicht den eigentlichen Zweck einer artenreichen Streuobstwiese. Denn dazu gehört auch die extensive Grasnutzung im Umfeld der Bäume. Altgrasflächen und Streuobst gehören zusammen. Sie helfen Hase, Fasan und Rebhuhn mehr als jeder Wildacker!

Die optimale Pflanzzeit für Streuobstflächen ist der Zeitraum von Oktober bis April bei frostfreiem Boden. Als Starthilfe geben wir in jedes Pflanzloch etwa 100 Gramm Volldünger. Die Jungbäume sollten nach der Pflanzung mit einem Pfahl gestützt werden. Etwa 20 Zentimeter vom Bäumchen auf der Südseite wird der Pfahl eingeschlagen, so wirft der Pfahl zusätzlich ein wenig Schatten. Zusätzlich sollten die Jungpflanzen vor Verbiss und Fegeschäden geschützt werden. Eine Drahthose aus Sechseckgeflecht, einen Meter hoch, reicht in einem Rehwildrevier völlig aus. Ohne Drahtmanschette geht es vor allem in Kaninchenrevieren nicht. Aber auch der Hase nagt im Winter gern die jungen Stämme blank. In einem Hochwildrevier sollte der Zaun eine Höhe von mindestens 1,80 Metern haben.

Doch bei aller Euphorie sollte eines bedacht werden: Obstbäume müssen regelmäßig geschnitten werden. Die Bäume werden auf

Frisch gepflanze Obstbäume sollten mit einer Drahthose geschützt werden.

diese Weise in Form gebracht, das Astwerk regelmäßig verjüngt. Außerdem werden die Bäume bei regelmäßigem Rückschnitt wesentlich mehr Früchte tragen, als wenn sie sich selbst überlassen werden. Der Schnitt erfolgt in der Zeit von Januar bis März. Gutes Werkzeug ist bei dieser Arbeit unverzichtbar. Insbesondere auf eine gute Handsäge sollte der Jäger Wert legen.
Über das korrekte Zurückschneiden von Obstbäumen wurden zahlreiche Artikel und sogar ganze Bücher geschrieben. Doch keine Angst – das Schneiden ist keine Wissenschaft! Grundsätzlich sollten alle Äste mit Windbruch, Fraßschäden sowie anderweitig verletzte Äste entnommen werden. Außerdem werden alle Triebe entnommen, die nach innen wachsen und deshalb kein Sonnenlicht abbekommen. Wichtig ist, dass der Mitteltrieb sowie die starken und gesunden Seitentriebe in der Krone erhalten bleiben. Das bei der Pflegemaßnahme anfallende Astwerk sollte nicht zu klein geschnitten werden. Es eignet sich optimal als Prossholz und wird vom Wild gern angenommen.

Bei Rückschnitt von Obstbäumen gilt:
— starker Rückschnitt = starker Austrieb
— schwacher Rückschnitt = schwacher Austrieb
— ungleicher Rückschnitt = ungleichmäßiger Austrieb
— Niemals bei Frost schneiden.
— glatte Schnitte durch scharfe Werkzeuge.

Durch regelmäßigen Schnitt werden Obstbäume in Form gebracht und die Krone stetig verjüngt.

Eine scharfe Handsäge erleichtert das Schneiden von Obstbäumen ungemein.

APRIL

NEUANFANG IM REVIER

Das neue Jagdjahr beginnt. Insbesondere für Neupächter beginnt ab jetzt eine spannende Zeit mit zahlreichen neuen Eindrücken.

Sofern man sich zuvor noch nicht mit dem Revier vertraut machen konnte oder durfte, wird es jetzt allerhöchste Eisenbahn! Außerdem sollte Kontakt zu den angrenzenden Jagdpächtern gesucht werden und dabei Kontaktdaten ausgetauscht werden. Es ist zudem zu empfehlen, mit den Nachbarn gemeinsam die gemeinsamen Reviergrenzen abzugehen. Unklare Grenzverläufe sind in vielen Gegenden eher die Regel als die Ausnahme und über die Jahre hinweg wurden nicht selten Flächen im gegenseitigen Einverständnis getauscht oder Absprachen getroffen, die es zu bewerten und zu besprechen gilt.

Vor dem Start der eigentlichen Jagdsaison sollten auch die Revierkarten aktualisiert werden. Neue Hochsitze, Salzlecken, Fütterungen, Wildäcker, Brutgebiete, Kirrungen, Suhlen, Malbäume, Fuchs- und Dachsbaue sollten auf diese Weise erfasst und kartiert werden. Das daraus entstehende Kartenmaterial ist nicht nur bei Revierbesprechungen hilfreich, sondern auch bei

Gemeinsam mit den Nachbarn sollten die Reviergrenzen abgegangen werden.

01

Gesprächen mit Landwirten oder der Planung von Jagden. Hierfür existieren mittlerweile eine Vielzahl unterschiedlicher Apps, die sowohl mit topografischen Karten als auch mit Satellitendaten arbeiten. Ich nutze dennoch gern eine klassische Karte und übertrage die Daten dann später in eine App.

NAMEN VERGEBEN

Ein kleiner Tipp, vor allem für die Neupächter: Da man das Revier noch nicht so genau kennt, werden markanten Geländepunkten, Wiesen oder Hochsitzen eigene Namen gegeben. Eine feuchte Wiese wird dann zur Moorwiese, die angrenzenden Hochsitze heißen dann Moorwiese 1 und 2. Wenn dann die Mahd ansteht, führen die eigens vergebenen Namen häufig zu Verwirrungen, denn die Landwirte nutzen ganz andere Namen. Daher würde ich, wenn ich noch einmal ein neues Revier pachten würde, erst einmal die Namen von Gebieten und die der Besitzer abfragen und diese dann als Grundlage der Benamung von Reviereinrichtungen nutzen. So stehen dann Müller 1 und 2 auf Müllers Wiese – und alle Beteiligten wissen Bescheid. Um das Revier kennenzulernen und alle Reviereinrichtungen zu finden, sollte unbedingt mit dem ausscheidenden Jagdteam in Austausch getreten werden. Die unter Umständen bereits seit vielen Jahren in dem Revier jagenden Personen kennen in der Regel alle aus jagdlicher Sicht wichtigen Stellen. Auch über die Position und den Zustand aller jagdlichen Einrichtungen können auf diese Weise wertvolle Informationen eingeholt werden. Zusätzlich sollte der Neupächter sein Revier erkunden. Dies geschieht bestenfalls nicht mit dem Auto, sondern zu Fuß. Auf diese Weise bleibt dem aufmerksamen Auge nichts verborgen. Zunächst sollten dabei die Reviergrenzen abgegangen werden. Und wenn die Grenzen im Revier ohnehin abgeschritten werden, können diese auch gleich gekennzeichnet werden. Dies geschieht nicht, um sich von seinen Reviernachbarn sichtbar abzugrenzen. Es geht vielmehr darum, Orientierungspunkte für die Mitjäger und sich selbst zu schaffen. Das ist gerade im Sichtfeld grenznaher Hochsitze sehr hilfreich, denn beispiels-

weise beim morgendlichen Aufbaumen in der Dunkelheit fällt Revierneulingen die Orientierung häufig alles andere als leicht. Hierzu werden Bäume oder Steine mit weißer Farbe und drei parallel verlaufenden Strichen gekennzeichnet. Ist das abgeschlossen, findet die Reviererkundung in Richtung Zentrum statt.
Neben den jagdlichen Einrichtungen bekommt der Jäger auf diese Weise einen Eindruck vom Wildbestand im Jagdgebiet. Beispielsweise Wechsel, Fege- sowie Plätzstellen oder Suhlen geben Aufschluss über die Anwesenheit des Wildes sowie über bevorzugte Äsungsflächen und Einstände. Kombiniert mit den Informationen über die jagdlichen Einrichtungen kann auf diese Weise auch direkt überprüft werden, ob die vorhandenen Kanzeln, Leitern oder Drückjagdböcke an den richtigen Stellen positioniert sind. An den Wechseln aufgehängte Wildkameras sammeln weitere Informationen bezüglich Art und Menge des vorhandenen Wildes. Alle gesammelten Informationen, insbesondere hinsichtlich der jagdlichen Einrichtungen, werden innerhalb einer Revierkarte festgehalten. Im Ergebnis steht dann fest, an welchen Stellen zusätzliche Sitze gebaut werden müssen oder welche Ansitzeinrichtungen umgestellt werden sollten.

03

02

01 Mittlerweile bieten zahlreiche Apps die Möglichkeit, eine Revierkarte digital anzulegen.

02 Reviergrenzen können beispielsweise mit drei parallelen Streifen an Bäumen gekennzeichnet werden.

03 Beispielsweise Suhlen zeigen das Vorhandensein und die Aktivität von Wild im Revier an.

UVV & SICHERHEITS-KONTROLLEN

Zusätzlich zur Position der Sitze sollte auch unbedingt deren Zustand überprüft werden. Dabei werden insbesondere die Leitern überprüft. Denn Leiterholme sowie -sprossen sind häufig die Bauteile, welche zuerst kaputt gehen. Auch diese Informationen sollten in einer Liste festgehalten werden. Denn aufgrund der Vielzahl an anfallenden Aufgaben gerät die eine oder andere reparaturbedürftige Leiter ansonsten rasch in Vergessenheit. Doch auch wenn eine Kanzel vollkommen in Ordnung ist, sollte dies in der Liste festgehalten werden. Denn kommt es im Fall der Fälle mal zu einem Unfall, kann mittels der Liste nachgewiesen werden, dass der Jäger seiner regelmäßigen Überprüfungspflicht nachgekommen ist.

ERST MOBIL, DANN PERMANENT

Keine Frage, geräumige Kanzeln sind schick und vor allem bequem für den darauf ansitzenden Jäger. Doch die Errichtung der teils mehrere Meter hohen Bauwerke ist aufwendig und kostenintensiv. Ein späteres Umstellen der Kanzeln ist mit viel Arbeit verbunden. Deshalb ist es umso wichtiger, den

Bei der Sicherheitskontrolle von Ansitzeinrichtungen ist ein Knackpunkt die Leiter.

Bevor eine große Kanzel gebaut wird, sollte der Standort mit einfacheren Ansitzeinrichtungen getestet werden.

Transportable Anhängerkanzeln können sehr schnell im Revier umgestellt werden.

Standort für eine Kanzel penibel zu planen. Und genau dazu benötigt der Jäger zahlreiche Informationen. Nach meiner Erfahrung ist es deshalb hilfreicher, zunächst auf transportable sowie einfachere und damit kostengünstige Ansitzeinrichtungen zu setzen. Beispielsweise Klappsitze sind mobil und können leicht umgestellt werden. So können mehrere Plätze mit ein und demselben Sitz ausgekundschaftet werden, um am Ende den perfekten Kanzelstandort auszugucken. Und auch nach dem Auskundschaften sind die Klappsitze wertvoll im Revieralltag, denn immer wieder werden Ansitzeinrichtungen an bestimmten Orten im Revier nur für kurze Zeit benötigt. Dies ist beispielsweise im Rahmen von Erntejagden, Drückjagden zur Wildschadensverhütung oder bei der Blattjagd der Fall. Insbesondere im Rahmen der Wildschadensverhütung werden alljährlich in den Feldbereichen an den unterschiedlichsten Orten Ansitzeinrichtungen benötigt. Neben Klappsitzen und transportablen Ansitzböcken empfehle ich an dieser Stelle Anhängerkanzeln. Die auf einen Anhänger gebauten Sitze bieten im Vergleich zu einer Klappleiter in der Regel deutlich mehr Sitzkomfort. Doch durch den Aufbau auf einen Anhänger sind die ebenfalls spielend leicht und blitzschnell im Revier verstellt. Lediglich ein Pkw mit Anhängekupplung wird für diese Arbeit benötigt. Und dieser dürfte in beinahe jedem Revier vorhanden sein. Insbesondere im Feldbereich fällt das Schätzen von Entfernungen nicht ganz leicht. Erleichterung kann hier durch eine sogenannte Entfernungsspinne geschaffen werden.
Auf diesem Dokument kann die gemessene Entfernung zu markanten Punkten im Umfeld jeder Ansitzeinrichtung eingetragen werden. Die Entfernungsspinne wird beispielsweise mit einer Reißzwecke an der Kanzelwand befestigt und steht so jedem Jäger im Revier zur Verfügung.

Vor dem Aufgang der Jagdzeit sollten die Pirschwege zu den Ansitzeinrichtungen von Laub und Ästen befreit werden.

ARBEITEN VOR DER JAGD

Die Wochen vor dem für viele Jäger magischen 1. Mai stehen gänzlich im Zeichen der Reviervorbereitung. Alle Ansitzeinrichtungen müssen kontrolliert und gewartet werden. Ist etwas morsch, alt oder undicht, ist jetzt die Zeit es zu reparieren. Als Pächter sollte all das dokumentiert werden. Salzlecken sollten neu beschickt, Pirschwege an- bzw. freigelegt und Fütterungen (dort, wo sie noch erlaubt sind) gereinigt werden. Im April bietet sich nun auch noch die letzte Gelegenheit, um neue Ansitzeinrichtungen auf- oder umzustellen. Das Revier unterliegt einem stetigen Wandel. Auf diese Veränderungen muss der Jäger ständig reagieren. Was nutzt ein Hochsitz an einer Stelle, wo das Wild vor fünf Jahren regelmäßig ausgetreten ist, die Bühne heute aber häufig leer bleibt? Der Sitz muss dort positioniert werden, wo das Wild heute und in Zukunft austritt.

Ansitzeinrichtungen sollten natürlich dort stehen, wo Wild bevorzugt austritt.

NIEDERWILDZÄHLUNG

Im Niederwildrevier ist es jetzt auch an der Zeit für eine Frühjahrszählung – die Inventur des Niederwildes. Ob dies mittels Schweinwerfertaxation, mit Unterstützung von Wärmebildkameras oder durch Verhören geschieht, ist relativ egal. Wichtig ist, dass der Jäger einen Eindruck vom Frühjahrsbestand im Revier bekommt. Nur wenn der Frühjahrsbestand gezählt wurde und im Herbst mit der Folgezählung verglichen wird, kann der Erfolg durchgeführter Hegemaßnahmen bewertet werden. Zudem bietet die Differenz zwischen Herbst- und Frühjahrsbestand einen Indikator für die

Um die Jagd und weitere Hege zu planen, sollten Niederwildbesätze zweimal jährlich gezählt werden.

Abschussplanung. Dies gilt natürlich nur, solange die Differenz ein positives Vorzeichen hat!
Beim Hasen kann ich mit einem Herbstbestand von z. B. 220 gezählten Mümmelmännern und einem Frühjahrsbestand von 180 Hasen etwa 40 Stück entnehmen, ohne den Grundbestand zu gefährden.
Beim Federwild gestaltet sich die Angelegenheit etwas schwieriger. Denn Federwild lässt sich nicht so leicht zählen. Es hält sich nicht wie der Hase regelmäßig auf Freiflächen auf, sondern schätzt die Deckung.
Vor allem Fasan und Rebhuhn sollten deshalb verhört werden. Am Klang des Rufes lassen sich unterschiedliche Gesperre sogar voneinander unterscheiden! Zudem geht es speziell beim Fasan nicht nur um die pure Menge, sondern auch um das Verhältnis von Hähnen zu Hennen. Auf einen Hahn sollten etwa fünf bis acht Hennen kommen, um ein optimales Brutverhältnis zu haben. Ist ein Überhang von Hähnen zu erkennen, sollten diese zur Jagdzeit punktuell entnommen werden. Ein passendes Geschlechterverhältnis hilft dabei, schwächere Populationen über die Zeit nach oben zu bringen.

In Gegenden, die regelmäßig und in hohem Ausmaß von Erholungssuchenden bevölkert werden, bietet es sich an, Brutgebiete auszuweisen und mit Schildern zu kennzeichnen. Ein Schild mit der Bitte, Wiesen nicht zu betreten und auch den Hund angeleint zu lassen, ist zwar kein Garant dafür, dass sich alle daran halten. Aber es ist allemal einen Versuch wert und bietet die eine oder andere Möglichkeit zu einem Gespräch mit Passanten, in dem man über die Arbeit im Revier und für die Natur aufklären kann.

Damit Wiesen im Revier nicht betreten werden, können beispielsweise Schilder aufgestellt werden.

01

02

03

LEBENSRÄUME SCHAFFEN

Eine der häufigsten Ursachen für die rückläufige Artenvielfalt ist die Veränderung und der Verlust der Lebensräume. Deshalb kommt der gezielten Biotopgestaltung bzw. der Biotopverbesserung durch den Jäger eine immer größere Bedeutung zu. Dies gilt für Hecken, Feldgehölze, Alleen, Streuobstwiesen genauso wie für das Bepflanzen der Standplätze von Hochsitzen, von Gräben und Bächen. Die natürlichen Pflanzensukzessionen, bei der Vögel, Säugetiere und Wild für das Saatgut sorgen, entwickeln sich leider oft nicht in die gewünschte Richtung, zudem dauert die Bildung der gewünschten Biotopelemente oft Jahre.

MASSNAHMEN

Der April ist der letzte Monat der ersten Jahreshälfte, in dem noch vernünftig gepflanzt werden kann. Während Büsche, Hecken, Bäume gern im November gesetzt werden, weil es dann regenreicher ist, können Gräser und Stauden, wie zum Beispiel Brombeeren, auch sehr gut im Frühjahr gepflanzt werden. Sie werten das Revier auf und mit ihnen lassen sich dichte Einstände schaffen oder die Übergänge von Feld auf Hecke oder Wald stufig verdichten. Brombeeren sollten hierfür nicht im Gartenhandel bezogen werden. Die dort angebotenen Arten wuchern nicht, was im heimischen Garten gewünscht, aber im Revier kontraproduktiv ist. Die Pflanzen im Revier sollen breit sowie dicht wuchern, um Schutz vor Fressfeinden und Hunden zu bieten. Kostengünstig und einfach ist die Nutzung von bereits vorhandenen Pflanzen im Revier. Dazu können Brombeerpflanzen ausgemacht werden und anschließend zurechtgestutzt werden. Am neuen Standort eingepflanzt, beginnen sie nach kurzer Zeit wieder mit kräftigem Wuchs. Ein anderes sehr nützliches Gewächs im Revier ist Chinagras (Miscanthus). Seine Knollen können

04

gelegt werden, sobald der Boden frostfrei ist. Bereits kleine Gruppen von 10–15 Knollen bilden einen dichten Busch von einem Quadratmeter. Miscanthus ist frostbeständig und mehrjährig und kann, was Form und Breite angeht, in allen gedachten Varianten ausgebracht werden. Was den Boden angeht, ist Chinagras äußerst genügsam und wird vom Wild gern als Deckung angenommen.

WILDWIESEN UND ÄSUNGSFLÄCHEN ANLEGEN

Das Jagdrecht verpflichtet den Jagdrechtinhaber dazu, für den Erhalt eines den landschaftlichen und landeskulturellen Verhältnissen angepassten, artenreichen und gesunden Wildbestandes zu sorgen sowie die Lebensgrundlagen des Wildbestandes zu pflegen und zu sichern. Diese Aufgaben sind vom Grundstückseigentümer und Jäger gemeinsam umzusetzen. Nur richtig geführte und gepflegte Wildäcker nutzen sowohl dem Wild und Wald als auch dem Jäger und dem Landwirt. Wildäcker übernehmen dabei eine Leitfunktion im Revier. Die richtige Standortwahl von Wildwiesen und -äckern wirkt sich auf vieles aus, so kann zum Beispiel der Verbissdruck auf Naturverjüngungen günstig beeinflusst, das Wild von Unfallschwerpunkten abgelenkt, die Rudelgröße klein gehalten oder Deckung geboten werden.

Zwar bieten Wildwiesen hauptsächlich Sommeräsung, doch die Erfahrung zeigt, dass gerade in milden Wintern das immer wieder frisch austreibende Grün Wild magisch anzieht. In erster Linie dienen Wildwiesen natürlich den Schalenwildarten. Für Hochwildarten (Rauhfutterverwerter) brauchen diese Flächen nicht besonders artenreich sein; sofern gern beäste Gräser zu finden sind. Rehwild als Konzentratselektierer ernährt sich gern von Blatt- und Knospenäsung. Der Anteil des Verbisses liegt während der Vegetationsperiode unter 50 Prozent, in der Vegetationsruhe hingegen teils deutlich darüber. Damit leisten Wildwiesen einen Anteil am Verbissschutz, obwohl wir wissen, dass sich Verbiss durch Rehwild niemals ganz verhindern lässt.
In einem reinen Reh- und Niederwildrevier sollte niemals auf Wildwiesen verzichtet werden. Richtig angelegt mit Gräsern, Kleearten

01 Kommt in einem Revierteil zu wenig Brombeere vor, kann diese gezielt aus einem anderen Teil im Revier umgepflanzt werden.

02 Durch das Einbringen von Miscanthus kann der Jäger zusätzliche Deckung schaffen.

03 Ein artenreicher Wildacker bietet verschiedenen Wildarten zu allen Jahreszeiten Äsung sowie Deckung.

04 Kommt Rotwild im Revier vor, muss nicht nur die richtige, sondern auch ausreichend Äsung vorhanden sein.

01

und Kräutern, entwickeln sie sich rasch zu Lieblingsäsungflächen des Wildes. Die Anteile von Gräsern, Kleearten und Kräutern können variieren und hängen von Standort sowie Bodenbeschaffenheit ab. Gleiches gilt für Wildäcker. Häufig kommt es sogar vor, dass eine bestimmte Pflanzenart an einem Ort bevorzugt geäst und anderswo gemieden wird. Hier sind wieder einmal die Erfahrungen des Verpächters gefragt. Erfahrungsgemäß bestehen gut angenommene Wildwiesen aus 50 Prozent Gräsern sowie jeweils 25 Prozent Kleearten und Kräutern. Die Beisaat von Wildkräutern ist oft kostspielig. Hinzu kommt, dass sie unter dem Konkurrenzdruck der Gräser häufig verschwinden. Entscheidend bei der Neuanlage von Wildwiesen auf Niederwildflächen ist eine geringe Aussaatmenge der Gräser. Für Hochwildreviere ist wiederum die hohe Ertragsleistung der Gräser bestimmend, denn Klee und Kräuterarten liefern nun einmal wenig pflanzliche Masse. Dafür sind Klee sowie Kräuter mineral- sowie nährstoffreicher und werden von allen Wildarten bevorzugt geäst.

Obwohl die Palette an verfügbaren Grasarten sehr groß ist, fällt die Auswahl der passenden Art nicht besonders schwer. Entscheidend ist die Auswahl von früh sowie spät reifenden Sorten, sodass dem Wild über einen längeren Zeitraum eiweißhaltiges Grün zur Verfügung steht, bevor der Blütenstand geschoben wird. Letztlich sind Auswahl und richtige Bestellung von Wildäsungsflächen Erfahrungssache, die gute Kenntnis des eigenen Reviers voraussetzt. Ganz wichtig ist, dass die Nahrungsansprüche der unterschiedlichen Fresstypen bei der Anlage von Wildäsungsflächen berücksichtigt werden.

Folgendes ist dabei zu beachten:

— Rehwild ist Konzentratselektierer.
— Rot- und Damwild sind Mischtypen.
— Muffelwild ist ein Raufutterfresser.
— Schwarzwild ist ein Allesfresser.
— Hasen äsen bevorzugt Kräuter.
— Fasan und Rebhuhn benötigen Samen und Insekten.

Beliebte Gräser und Leguminosen mit einer hohen Wertziffer sind:

Obergräser

— Kaulgras
— Welsches Weidelgras
— Wiesenlieschgras

02

Untergräser
- Deutsches Weidelgras in frühen, mittleren und späten Sorten
- Rotschwingel
- Weißes Straußgras
- Wiesenrispe

Leguminosen
- Rotklee
- Weißklee
- Schwedenklee
- Luzerne

Die Aussaatmenge sollte nicht über 30 Kilogramm pro Hektar betragen. Mittels einer Drillmaschine sollte das Saatgut auf den Flächen ausgebracht werden. Geeignete Flächen finden sich bevorzugt in der Nähe der Einstände des Wildes. Dabei bieten sich häufig viel mehr Flächen an als im ersten Moment angenommen. Dies können beispielsweise Polterlager, Wegränder, Schneisen, Hanglagen sowie Stromtrassen sein.

03

INFO
Wildäcker sollten vielmehr Wildschutzfläche als Jagdfläche sein. Jagddruck auf Äsungsflächen fördert die Nachtaktivität mit all ihren Nachteilen.

01 Anders als Rotwild pickt sich Rehwild nur die Leckerbissen aus den Wiesen heraus.

02 Hasen lieben Kräuter und Klee in der Äsung.

03 Klee wird von zahlreichen Wildarten gern als Äsung angenommen.

SALZLECKEN AUFFÜLLEN

Salzlecken sind für unsere Schalenwildarten insbesondere in zwei Jahreszeiten sehr wichtig: im Frühjahr, während des Zeitraums der Milchbildung, und im Herbst, während des Haarwechsels. Salzlecken bieten dem Wild eine Möglichkeit, um an Natrium zu gelangen. Ein Mangel an Natrium verzögert den Haarwechsel, senkt die Verwertung von Eiweiß aus der Äsung und beeinträchtigt die Vermehrungsrate. Weitere Informationen zu Salzlecken finden sich im Text zum Monat September.

SAUEN MAIS MADIG MACHEN

Frisch eingesäte Maisflächen üben eine magische Anziehungskraft auf Sauen aus. Eine empfehlenswerte Methode, um die Schwarzkittel bis zum Keimen der Körner fernzuhalten, hat der Landwirt Andreas Rugen aus Hepstedt (Kreis Rotenburg/Wümme) entwickelt. Unmittelbar nach dem Legen der Maiskörner in den Boden bringt er mit der Pflanzenschutzspritze je Hektar 150 Liter AHL (Amonium-Harnstoff-Lösung = Flüssig-Stickstoffdünger) in feinsten Tropfen aus. Auf diese Weise werden rund 45 Kilogramm Stickstoff je Hektar ausgebracht bei einem Gesamtbedarf von 180 bis 200 Kilogramm Stickstoff pro Hektar für die Produktion von Silomais. Zu 150 Litern je Hektar dieser Lösung mischt Rugen 50 bis 75 Milliliter günstiges Haarwasser. Für zehn Hektar Saatfläche werden demzufolge 0,5 bis 0,75 Liter Haarwasser benötigt. Laut Rugen können Sauen den Geruch des Maiskorns im Boden aufgrund des Duftstoffträgers auf der Ackeroberfläche nicht mehr wahrnehmen, obwohl sie nachweislich über die behandelten Flächen ziehen. Die Wirkung hält etwa drei Wochen an. In der Regel ist der Mais dann nicht nur ausgekeimt,

Vor der Aufzuchtzeit des Jungwildes werden alle Salzlecken im Revier bestückt.

sondern hat auch das Zwei-Blattstadium erreicht. Bis zur Milch- oder Teigreife ist damit die Gefahr erst mal gebannt. Andreas Rugen berichtet, dass selbst mit beginnender Teigreife die behandelten Flächen deutlich weniger vom Schwarzwild angenommen werden.

Frisch gelegter Mais ist für Sauen ein Leckerbissen. Zum Schutz können die Flächen verstänkert oder gezäunt werden.

MAI

REHWILD IM FOKUS

Der Mai ist ohne Zweifel ein besonderer Monat. Vielleicht liegt es daran, dass die Sonne intensiver sowie länger scheint und der Monat einen ganz besonderen, markanten Duft mit sich bringt.

Vielleicht ist es aber auch das Ende der jagdlich enthaltsameren Zeit, durch die nun in zahlreichen Bundesländern startende Bockjagd. Im April und Mai sind die Stücke besonders gut sichtbar, rangeln sie in dieser Zeit doch häufig um die besten Territorien. Jeder Bock beansprucht nun einen bestimmten Teil des Reviers. Entscheidender als die eigentliche Größe des Einstandes ist dabei jedoch die landschaftliche Vielfalt und das verfügbare Äsungsangebot. Reich strukturierte Reviere mit einem Mix aus Hecken, Wiesen, Streuobstflächen, Äckern sowie kleinen Wäldchen sind deshalb deutlich attraktiver als reine Waldreviere, die gegebenenfalls sogar noch in Reinkultur mit lediglich einer Baumart bestockt sind. Besonders im Mai herrscht im Jagdrevier eine allgemeine Unruhe, denn die Wildtiere nehmen ihre Sommereinstände ein. Hierzu findet sich das Rehwild in ganz bestimmten Gruppenkonstellationen zusammen, die sich nach Geschlecht und Alter unterscheiden lassen. Während weibliche Stücke in ihrer Sippe verbleiben, teilen sich die Böcke nach Altersklassen auf. Die Stücke sind in dieser Zeit besonders abgelenkt und unvorsichtig, sodass sich jetzt die meisten Wildunfälle auf viel befahrenen Straßen ereignen. Vor allem im Mai sollten deshalb die Einstände des Rehwildes in Straßennähe verstänkert und dort verstärkt gejagt werden. Die an viel befahrenen Straßen angrenzenden Flächen müssen möglichst unattraktiv für das Wild werden. Wildäcker sollten daher natürlich nicht in der Nähe dieser Wildunfallschwerpunkte angelegt werden.

Strukturierte sowie abwechslungsreiche Landschaften sind bevorzugte Lebensräume des Rehwildes.

In der hitzigen Zeit im April und Mai dienen kleine Bäumchen teils als Blitzableiter für Rehböcke.

TERRITORIALE REHE

Stand das Rehwild in den vergangenen Monaten noch in dichten Wintersprüngen zusammen und ging friedlich miteinander um, kommt es im Mai zu Aggressionen gegenüber den Artgenossen. In der Regel gehen die Stücke jedoch auf Distanz zueinander und es kommt nur selten zu Kämpfen. Bei Begegnungen wird imponiert sowie gedroht. Es wird kräftig gefegt und geschlagen. Ab und an kommt es jedoch zu erbitterten Einstandskämpfen zwischen Rehböcken. Kleine Bäume und Sträucher sind in dieser Zeit regelrechte Blitzableiter. Rehböcke reiben ihre Gehörne teils langanhaltend an den kleinen Stämmchen und markieren dabei ihre Reviere. Jährlinge und Schmalrehe werden in den Territorien adulter Stücke zeitweise geduldet. Doch dies ist keinesfalls immer der Fall! Mehrjährige Böcke gehen teils heftig gegenüber Jährlingen vor und auch Schmalrehe werden in dieser Zeit von adulten Rehen nicht immer verschont. Je näher der Setztermin der Ricken rückt, desto weniger dulden die Stücke den vorjährigen Nachwuchs in ihrer unmittelbaren Umgebung. Die werdenden Mütter gehen dabei ebenfalls energisch gegen den eigenen Nachwuchs aus dem vergangenen Jahr vor. Jährlinge und Schmalrehe brauchen nach der rund ein Jahr dauernden Phase des Zusammenseins mit dem Muttertier lange, um sich an die nun verändernden Umstände zu gewöhnen.
Zwischen Ricken kann es ebenfalls zu aggressivem Verhalten kommen. Insbesondere, wenn sich mehrere Ricken um ein und denselben Setzplatz bemühen. Weibliches Rehwild besitzt wie Rehböcke auch feste Territorien, die gegen fremde Ricken verteidigt werden. Diese individuellen Lebensräume werden von den weiblichen Stücken durch wiederholtes Nässen markiert.
Schmalrehe versuchen häufig in der Nähe des Territoriums der Mutterricke zu bleiben oder schließen sich einem Rehbock in der Nähe an. Im Herbst ändert sich diese Situation wieder vollends. Verwandte Rehe bewohnen dann ein gemeinsames Sippenrevier und bilden Sprünge. Schmalrehe und Jährlinge sind im Mai häufig noch gemeinsam anzutreffen. Doch je weiter der Monat vor-

Jährlinge und Schmalrehe stehen im Mai teils noch bei den zugehörigen Ricken.

Auf der Suche nach eigenen Territorien ziehen Jährlinge teils weit umher.

Die Einstände von mehrjährigen Platzböcken überlappen nicht.

Damit solche reifen Böcke geerntet werden können, muss die Bejagung des Rehwildbestands passen.

anschreitet, desto mehr trennen sich die beiden Geschwister voneinander. Denn die Geschlechtsreife der Stücke tritt ein und die Brunft im Juli/August rückt immer näher. In diesem Abnabelungsprozess trennen sich Jährlinge meist schneller und auch endgültig von den zugehörigen Ricken. Die einjährigen Böcke versuchen dann, ein eigenes Territorium zu beanspruchen und wandern häufig über weite Strecken ab. Der Jährling beginnt sein zweites Lebensjahr somit vorerst ohne eigenes Territorium. Diese Wanderschaft für die Suche nach eigenen Territorien hilft im Übrigen dabei, Inzucht bei unserer kleinsten einheimischen Schalenwildart zu vermeiden.

REHWILDBEJAGUNG

Während die Altersstruktur im Bestand bei der Bejagung anderer Wildarten teils eine große Rolle spielt, findet dieser Aspekt beim Rehwild in der Regel keine Beachtung. Doch auch bei unserer kleinsten einheimischen Schalenwildart ist die im Bestand vorhandene Altersstruktur wichtig. Dies gilt gleichermaßen für weibliches sowie männliches Rehwild. Zunächst sollte sich der Jäger deshalb ein Bild von dem in seinem Revier vorhandenen Bestand machen. Wie ist das Geschlechterverhältnis, wie ist die Altersstruktur bei Rehböcken und beim weiblichen Rehwild? Wo ziehen die Platzböcke ihre Fährten im Revier? Wie alt sind sie jeweils? Gibt es bereits Kandidaten, die das Territorium eines Platzbocks nach dessen Erlegung übernehmen?
Aus den Antworten der zuvor gestellten Fragen leitet sich direkt eine Abschussplanung ab. Mehr als einen Platzbock je Einstand sollte es nicht geben. Die durchschnittliche Größe eines Rehbockterritoriums liegt bei rund 120 Hektar. Soll der Platzbock erlegt werden, ist es aus meiner Sicht anzustreben, dass dieser mindestens sechs Jahre alt sein sollte. Potenzielle Nachfolger des Platzbocks sollten im Jahr der Erlegung drei bis vier Jahre alt sein. Natürlich sollten neben den vorgenannten Nachfolgern auch noch weitere jüngere Böcke in dem besagten Einstand vorkommen. Doch Massen sind hier keinesfalls erforderlich. Junge Sechser sollten in jedem Fall geschont werden. Schwache Gabler können entnommen werden, ebenso schwache Jährlinge. Bei Kitzen sollte beherzt eingegriffen werden. Die genannten Zahlen können natürlich je Revier etwas variieren und beziehen sich auf die genannten 120 Hektar. Selbiges gilt für Ricken, auch sie müssen nicht stehen bleiben, bis sie alt und ihre Decke schalfarben ist. Auch beim weiblichen Rehwild sollte die spitz zulaufende Alterspyramide die angepeilte Altersstruktur im

Rehwild hat Ruhephasen, in denen es kaum aktiv ist und der Jäger es deshalb nur selten zu Gesicht bekommt.

Bestand widerspiegeln. Erste Erfolge zeigen sich beim zuvor beschriebenen Vorgehen rasch. Speziell Fegeschäden werden rasch abnehmen, denn der Platzbock muss seinen Einstand viel weniger markieren – er hat weniger Konkurrenzdruck. Und noch ein Bonus: Mit einer gut durchdachten und stringenten Bejagung des weiblichen Wildes wird es auch mit der Blattjagd besser klappen.

JAGDZEITPUNKT

Dr. Robin Sandfort von der Universität in Wien hat in seinen Arbeiten sehr anschaulich dargelegt, wie wichtig und effektiv es ist, die Bejagung des Rehwilds an dessen Aktiv- und Ruhezeiten auszurichten.
Die Ergebnisse dieser Arbeiten liefern eine einleuchtende Erklärung dafür, dass der Jäger zu manchen Zeiten im Jahr ansitzen kann, sooft er will und einfach kein Reh zur Strecke kommt, während er zu anderen Zeiten des Jahres ruckzuck zur Beute kommt. Rehwild hat Aktiv- und Ruhephasen. In Aktivphasen tritt es im gewohnten Rhythmus aus, um zu äsen. In den Ruhephasen ist es eher heimlich und regeneriert. Abgesehen davon, dass der Jäger in dieser Zeit deutlich weniger Anblick hat, verhindert ein starker Jagddruck diese erforderliche Regeneration.

Mit diesem Wissen macht es Sinn, seine Bejagungsstrategie an die wechselnden Phasen im Jagdjahr anzupassen:

- Intensive Jagd von Mai bis Mitte Juni
- Jagdruhe von Mitte Juni bis Ende Juli
- Intensive Jagd zur Brunft im August
- Jagdruhe von September bis Oktober
- Intensive Bejagung im November und Dezember
- Jagdruhe von Anfang Januar bis Anfang Mai

Zu Anfang der Jagdzeit sollte schwerpunktmäßig im Wald gejagt werden.

ORT DER JAGD

Auch als klarer Verfechter des Mottos „Wald mit Wild“ ist es nicht von der Hand zu weisen, dass Rehwild naturgemäß eher im Wald Schaden verursacht als im Feld. Verbiss und das Fegen sorgen im forstwirtschaftlichen Kontext dabei häufig für Schäden. Von daher ist es anzustreben, Rehwild vor allem im Wald konsequent zu bejagen. Die Rehwildjagd im offenen Feldbereich ist natürlich deutlich leichter. Aber nur, weil es im Offenbereich einfacher ist, Beute zu machen, darf im Wald keinesfalls auf die Rehwildjagd verzichtet werden bzw. diese schwerpunktmäßig in den Feldbereich verschoben werden. Die Jagd im Wald sollte so zeitig wie möglich erfolgen, denn im Verlauf der Vegetationszeit wird der Bewuchs auf den Waldflächen immer dichter und höher. Für den Jäger wird es umso schwerer, die Stücke zu entdecken, anzusprechen und zu erlegen, bevor sie wieder in der Deckung gebenden Vegetation abtauchen. Spätestens ab Ende Juni herrscht im Wald die grüne Hölle und wir Jäger haben dort das Nachsehen.

JÄHRLINGE IM FOKUS

Um wildbiologisch sauber zu jagen, sollte der Jäger sich im Mai vorrangig auf den Abschuss von schwachen Jährlingen und Schmalrehen konzentrieren. Dadurch wird der Bestand bereits zu Beginn der Jagdsaison in der Jugendklasse ausgedünnt und der Grundstock für eine anzustrebende Altersstruktur wird bereits gelegt. Zudem sind es die einjährigen Böcke, die auf ihrer Suche nach einem passenden Lebensraum ständig Prügel von älteren Böcken beziehen und dadurch die Flucht ergreifen müssen. Viele junge Böcke flüchten dann über Straßen hinweg, um in das Nachbarterritorium zu wechseln oder suchen sich Nischen in Straßennähe. Kollisionen mit Pkws sind dabei zu dieser Zeit keine Seltenheit.
Auch wenn Jährlinge oder Spießer leicht anzusprechen sind, sollte sich der Jäger zu Beginn der Jagdsaison vor allem auf den Abschuss der einjährigen weiblichen Stücke konzentrieren. Grund: Vor allem im Frühjahr sind Schmalrehe leicht anzusprechen. Kindliches Verhalten, das markante dreieckige Haupt sowie der schmale Träger verraten

Insbesondere Schmalrehe und schwache Jährlinge werden im Mai in den Fokus genommen.

die Stücke im Bestand. Im Laufe der kommenden Monate verwachsen sich diese Merkmale, eine Unterscheidung zwischen jungen Ricken und Schmalrehen wird dadurch immer schwieriger. Die Schmalrehstrecke sollte nicht mehr als 15 Prozent des gesamten weiblichen Rehwildabschusses betragen, denn die einjährigen weiblichen Stücke sind die Ricken der Zukunft im eigenen Revier. Schmalrehe lassen sich gut durch ihren frühen Haarwechsel sowie anhand ihrer körperlichen Merkmale ansprechen. **Zu den unverkennbaren Zeichen gehören:**

— schwächerer Körperbau
— schlanke Figur
— hochläufig
— dreieckiges Haupt
— kindliches Verhalten
— fehlendes Gesäuge
— gerade Bauchlinie

Stehen später im Juni immer noch Schmalrehe bei den zugehörigen Ricken, die noch nicht einmal gesetzt haben, so gehören sie zu den sehr spät gesetzten Stücken aus dem Vorjahr. Sie fallen in der Regel aufgrund ihres im Vergleich zu gleichaltrigen Stücken äußerst geringen Gewichts auf. Die zugehörigen Ricken werden ebenfalls bereits vorgemerkt für die Jagdzeit ab Oktober. Während bereits im vergangenen Winter Bockkitze eher zurückhaltend bejagt wurden und aktuell vor allem Schmalrehe im Fokus stehen, sollten Knopfböcke frühzeitig im Mai erlegt werden, wenn der Jäger dazu eine Chance bekommt. Sehr schwache Knopfböcke können in der Blattzeit im August mit stark entwickelten Bockkitzen verwechselt werden. Diese Gefahr kann durch die frühzeitige Entnahme verhindert werden.

In Revieren mit bereits angepassten Geschlechterverhältnissen sowie idealen Altersstrukturen erfolgt der Abschuss in der Klasse der schwächeren Hälfte der Jährlinge sowie Schmalrehe. Die Beurteilung dabei richtet sich in erster Linie nach der körperlichen Konstitution als nach der Stärke des Jährlingsgehörns. Wobei in der Regel körperlich stark veranlagte Jährlinge auch stärkere Gehörne schieben als körperlich schwache Stücke. Alle übrigen Altersklassen sind bis zur Blattzeit schonend zu bejagen. Erfolgt ein stärkerer jagdlicher Eingriff vor der

Schwacher Träger, stakelige Läufe, schwaches Gebäude, dreieckiger Schädel, kindlich in Aussehen und Verhalten – ein Schmalreh.

Gut veranlagte junge Gabler sind – je nach Güte der Böcke im jeweiligen Revier – zu schonen.

Meterbreite Mäher sind für Jungwild vieler Arten der sichere Tod.

Alljährlich verenden Tausende von Rehkitzen bei der Mahd.

Blattzeit bei den mehrjährigen, aber noch nicht erntereifen Böcken, verschiebt sich das Geschlechterverhältnis mehr oder weniger stark zu Ungunsten der Böcke. Dies macht sich insbesondere in der Blattzeit bemerkbar. Die ungarische Wissenschaftlerin Magda Szederjei hat deshalb sogar ein Geschlechterverhältnis von 2 : 1 zu Gunsten der Böcke als optimal befunden. Denn im Vergleich zu weiblichen Stücken bauen Rehböcke in der Brunft körperlich viel stärker ab als weibliche Stücke. Sie benötigen daher deutlich länger, um sich zu regenerieren. Diese Erholungsphase dauert in Gebieten, in denen das Geschlechterverhältnis nicht stimmt, deshalb umso länger. Ebenfalls bewiesen ist, dass Böcke schwächer werden, wenn ihr Hodengewicht nach der Blattzeit des Vorjahrs sehr stark gesunken war. Nicht ohne Grund beginnt in Schweden die Bockjagd erst im August. Bis dahin haben sich die Stücke in der Regel vollständig von den Strapazen der Brunft erholt.
Starke sowie reife Rehböcke als auch stark veranlagte Gabler sind für mich nach meinen Erfahrungen im Frühjahr tabu. Bei den Gablern gebe ich nur sichtbar schwache Stücke frei, während ich starken Exemplaren und auch denen der Mittelklasse gern noch ein Extrajahr gebe. Diese Böcke entwickeln sich häufig überraschend positiv, wenn sich die Wildstruktur um sie herum verändert. Sollte diese Entwicklung nicht eintreten, kann der Bock im Folgejahr erlegt werden.

MÄHTOD

Mit dem Aufgehen der Jagd auf Rehböcke und Schmalrehe steht außerdem die Mähsaison vor der Tür. Im Vorfeld zum Aufgang der Jagdsaison und auch im Rahmen der ersten Ansitze im Mai sollte deshalb besonderes Augenmerk auf die Ricken geworfen werden. Welche Setzterritorien werden bezogen? Wo halten sich Ricken bevorzugt auf? Wie sehen die Flanken und die Spinnen der Stücke aus?
Alle diese Informationen können zusätzlich zu modernem technischem Equipment genutzt werden, um Kitze vor dem Mähtod zu bewahren. Wissenschaftliche Untersuchungen belegen, dass bundesweit durchschnittlich 200.000 Kitze im Rahmen von Erntearbeiten auf Grünlandflächen sterben. Schätzungsweise verlieren wir rund 20 Prozent des Gesamtzuwachses bei einer geschätzten Wilddichte von sieben bis acht Rehen auf 100 Hektar. Sicherlich ist das regional sehr unterschiedlich, aber die Zahlen sprechen deutliche Worte, weshalb der Rehkitzrettung eine besondere Bedeutung zukommt.
Erkenntnisse über die von Ricken bevorzugten Stellen im Revier können Aufschluss da-

01

02

rüber geben, wo Kitze zu finden sind. Wurde ein Kitz entdeckt, findet sich häufig in unmittelbarer Umgebung ein weiteres. Zwillingskitze liegen niemals zusammen an einem Ort, jedoch beträgt der Abstand zwischen den Liegestellen häufig nur wenige Meter. Damit Ricken ihre Kitze gar nicht erst in den Flächen ablegen oder diese aus den zu mähenden Stücken herausführen, können diese mittels aufgestellter Tüten oder akustischen Geräten unattraktiv gemacht werden. Weiterhin kann der Landwirt die Fläche einen Tag vor der eigentlichen Mahd außen herum anmähen. Dies hat eine zusätzliche vergrämende Wirkung.

Zusätzlich sollte der Bauer darum gebeten werden, bei der eigentlichen Erntearbeit von innen nach außen zu mähen. Eventuell hoch werdendes Wild kann dann nach außen flüchten. Die meisten Landwirte mähen jedoch noch von außen nach innen. Bei schmalen langen Parzellen sollten erst das Vorgewende und dann die Längsseiten nach außen gemäht werden. Als Vorgewende wird im Ackerbau der Randbereich eines Feldes bezeichnet, auf dem bei der Bearbeitung, beispielsweise mit dem Traktor beim Pflügen, gewendet wird. Bei Erntearbeiten in Straßennähe sollte im Bereich der Straße mit der Ernte begonnen werden und diese dann in Richtung Wald verlaufen.

DROHNENTECHNIK

Doch trotz aller Anstrengungen hat die Kitzrettung mit klassischen Methoden ihre Grenzen. Selbst mit einer Reihe von Möglichkeiten und viel Arbeitseinsatz wird der Jäger kaum alle Jungtiere finden. Wer sich nur auf aufgestellte Düngertüten und Tücher verlässt, bei dem ist ein Scheitern vorprogrammiert. Denn rasch tritt bei optischen Vergrämungsmitteln wie Tüten ein Gewöhnungseffekt ein. Die abschreckende Wirkung verpufft dadurch gänzlich. Die Aktion beruhigt lediglich das eigene Gewissen, hilft dem Jungwild aber kaum. Auch die klassische Suche mit einem brauchbaren Hund ist durchaus effektiv, solange es nicht zu heiß ist oder die Wiesen zu groß sind. Doch das Maß aller Dinge im Bereich der Jungwildrettung sind heute moderne Drohnen, ausgestattet mit Wärmebildkameras. Mithilfe dieser hochmodernen Geräte lassen sich alle abgelegten Kitze zuverlässig finden und anschließend sichern. Mittlerweile übernehmen vielerorts Kitzrettungsteams das Absuchen der Flächen mit Unterstützung der Drohnen. Doch wir Jäger sollten diese Arbeiten zwingend beglei-

03

ten oder gar selbst in die Hand nehmen. Zum einen deshalb, weil das Nachstellen sowie Aufsuchen von Wild in den Bereich der Jagdausübung fällt, die in Jägerhand und nicht in die Hände anderer gehört. Zum anderen und in unserer digital-medialen Welt bald wichtiger: Das Retten der niedlichen kleinen Kitze ist beste Öffentlichkeitsarbeit. Sie bietet eine Möglichkeit, die Arbeit von Jägerinnen und Jägern darzustellen.

MARKIEREN VON KITZEN

Wildmarken und Zange sollten während der Setzzeit stets im Auto griffbereit liegen. Es ist sehr spannend, markierte Stücke über Jahre hinweg zu beobachten. Und das Ansprechen wird so auch noch einfacher und kann gut geübt werden, da man die Farben den Setzjahren zuordnen kann. Was auch immer wir herausfinden, es ist ein wenig Wildforschung im eigenen Revier und bereichert unseren Erfahrungsschatz. Bei der Markierungsarbeit werden die Ohrmarken möglichst weit unten im Lauscherbereich zwischen den gut sichtbaren Hauptblutgefäßen platziert. Zum Markieren haben sich Plastik-Ohrmarken bewährt, die auch in der Landwirtschaft eingesetzt werden. Die Kitze selbst reagieren kaum auf den neuen Lauscherschmuck und schütteln in der Regel lediglich ein paar Mal mit dem Haupt. Ohrmarken und Zange gibt es überall im Handel. Sinnvoll ist der jährliche Farbwechsel bei den Ohrmarken, wobei jedem Jahr eine spezifische Farbe zugeordnet wird.

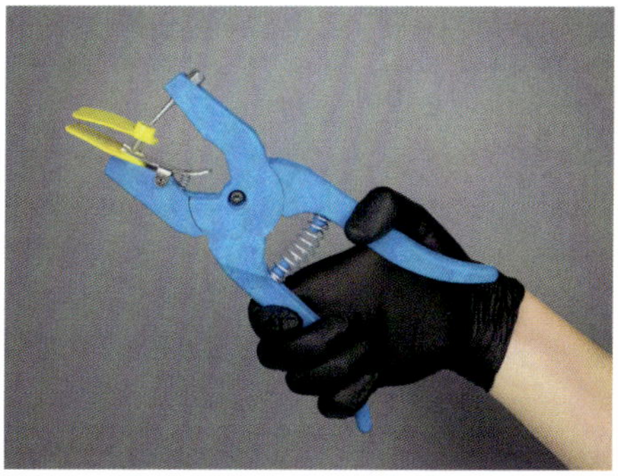

04

01 Innerhalb der zu mähenden Fläche aufgestellte Tüten können die Mähverluste reduzieren.

02 Maß der Dinge bei der Jungwildrettung aus Wiesenflächen sind heute Drohnen mit Wärmebildtechnik.

03 Sind die Kitze gefunden und gesichert, können sie markiert werden.

04 Bei der Markierung werden farbige Ohrmarken an den Lauschern der Kitze angebracht.

01 Neben Junghasen und Rehkitzen sind vor allen Dingen Küken und Gelege von Fasan sowie Rebhuhn von Mähverlusten bedroht.

02 Bei der Rattenbekämpfung wird das Gift so ausgebracht, dass andere Wildtiere nicht daran gelangen können.

03 Solange noch mindestens ein Fuchswelpe vorhanden ist, trägt die Fähe Nahrung zu.

04 Die Bejagung von Jungfüchsen am Bau ist sehr effektiv.

02

AUSGEMÄHTE GELEGE

Trotz aller Vorsichtsmaßnahmen stößt der Jäger bereits ab Ende Mai immer wieder auf ausgemähte Gelege von Fasanen und Rebhühnern. Belässt er die Eier im Nest, fallen sie unabwendbar dem Raubwild zum Opfer. Selbst wenn das Nest weiträumig ummäht wird, bleibt es ein Anziehungspunkt für Nesträuber. Deshalb kann ruhig auch ein Ei aufgeschlagen werden, um den Stand der Entwicklung zu überprüfen. Sollte sich dabei herausstellen, dass der Schlupf kurz bevorsteht, ist dafür zu sorgen, dass die Eier schnell wieder Ruhe erhalten. Dies gelingt, indem das Nest weiträumig verstänkert wird. Selbst Blinkleuchten und Tüten können dabei helfen. Bis zum Schlupf sollte der Jäger die Fläche im Auge behalten. Sollte der Schlupf in den nächsten Tagen jedoch noch nicht zu erwarten sein, empfiehlt es sich, die Eier aus dem Nest zu nehmen. Die Fasanen- oder Rebhuhnhenne wird beim Verlust ihres Nestes gleich mit der Anlage eines Zweitgeleges reagieren.

01

Im Mai beginnen die Fasanenhähne vermehrt zu melden und zu krähen. An warmen Maitagen hört man sie dann von Sonnenauf- bis Sonnenuntergang. Das gibt uns eine weitere Möglichkeit, etwas über unseren Bestand zu lernen. Was spricht an solchen Tagen gegen einen ausgedehnten Ansitz mit mehreren Jägern auf Rehwild, wenn dabei gleich die Anzahl der Hähne gezählt beziehungsweise geschätzt werden kann? Dabei sollte auf die Mithilfe von befreundeten Jägerinnen und Jägern gesetzt werden, denn viele Ohren hören bekanntlich deutlich mehr als nur zwei. Eines wird den Niederwildbegeisterten jedoch alljährlich schmerzen, auch wenn es kaum vermeidbar ist. Trotz aller Bemühungen werden jedes Jahr bei Erntearbeiten im Grünland Nester und Gelege ausgemäht. Sicherlich bieten diese frisch gemähten Flächen dem Raubwildjäger eine gute Chance, um an Beute zu gelangen. Dennoch bedeutet jedes ausgemähte Gelege einen Rückschlag hinsichtlich der eigenen Hegebemühungen. Analog zur Kitzrettung kann der Jäger natürlich versuchen, Gelege vor der Mahd zu finden und anschließend zu markieren. Auf diese Weise kann das Gelege selbst und ein Bereich darum ungemäht verbleiben. Doch diese Arbeit allein reicht nicht aus, denn die Grasinseln auf den raspelkurzen Flächen ziehen alles Raubwild magisch an. Die Flächen im Umkreis der Gelege sollten deshalb gut verstänkert werden. Weiterhin sollte auf den kurz gemähten umliegenden Flächen intensiv auf Raubwild gejagt werden, um den Druck auf

die verbliebenen Gelege so gering wie möglich zu halten. Ab Mai sollte sich der Jäger zusätzlich der Rattenbekämpfung widmen.
Am effizientesten ist hier das Ausbringen von Futterköderfallen, die beinahe in jedem Bau- und Landwirtschaftsmarkt zu kaufen sind. Sie sind erprobt und so gebaut, dass außer Nagern nichts hineingelangt, zudem sind sie abschließbar und somit ohne Gefährdung Dritter aufstellbar. Geködert wird mit chronisch wirkendem Gift, welches langsam wirkt oder sogar mehrfach aufgenommen werden muss. Denn Ratten sind schlau! Wird mit Schlagfallen oder schnell wirkendem Gift gearbeitet, warnen sich die Ratten gegenseitig und nehmen das Gift nicht mehr an. Natürlich kann man diese Fallen auch über den Winter an der Fütterung verwenden.

JUNGFUCHSJAGD AM BAU

Raubzeug wird bejagt, wann immer es geht. Und Anfang/Mitte Mai ist es an der Zeit, die nächste Art der Fallenjagd vorzubereiten: das Fangen der Jungfüchse am Bau. Wie immer gilt auch hier ein altes Sprichwort: Kennst Du den Bau, hast Du den Fuchs. Es gilt also herauszufinden, welche bereits bekannten Fuchsbaue befahren sind oder ob neue hinzugekommen sind. Dabei wird gezielt nach Mutter- bzw. Jungfuchsbauen gesucht, die anhand von Fraß- und Speiseresten vor dem Bau oder durch Losung sicher identifiziert werden können. Nach der Entdeckung können die Baue zur Erkundung mittels Wildkameras beobachtet werden. Mit der Ranz im Januar und 52 Tagen Tragzeit ist der Nachwuchs bereits ab Mitte Mai alt genug, um den Bau zu verlassen und die ersten warmen Sonnenstrahlen zu genießen. Während mit Kugel- oder Schrotschuss Jungtiere nur einzeln entnommen werden können, kann das ganze Geheck mit einer Falle rasch gefangen werden. Hierzu wird die Jungfuchsfalle gut am oder im Ausgang des Baus verankert, sodass der erste kleine Räuber beim Verlassen des Baus hineingelangt. Die anderen folgen meist kurz darauf aus reiner Neugier und Unbedarftheit. Damit dies gelingt, muss der Jäger die hauptsächlich genutzte Rühre kennen. Eventuelle Nebengänge sollten blockiert werden.

03

04

JUNI

AUF RAUBWILD AN WIESEN

In diesem Monat werden die Reviere zur Kinderstube der heimischen Wildtierarten. Nun zeigt sich, ob der Nestplatz, der Aufzuchtort oder die Deckung richtig gewählt wurden.

Schließlich zieht das Raubwild zu dieser Zeit ebenfalls Jungtiere groß und braucht dazu reichlich Nahrung. Wie in jedem Ökosystem gibt es auch hier Gewinner und Verlierer. In der zersiedelten Kulturlandschaft gehört es zu den Aufgaben des Jägers, bestimmte Beute-Opportunisten zu regulieren und dadurch anderen Arten unter die Schwingen bzw. Ständer zu greifen. Vor allem der bevorstehende Sommer hat enorme Auswirkungen auf die Entwicklung verschiedener Arten im Revier. Hauptfaktor dabei ist stets das Wetter, welches sich natürlich nicht durch den Jäger regulieren lässt. Es bleibt nur Hoffen und Bangen. Für Bodenbrüter, wie zum Beispiel Fasan und Rebhuhn, haben regenreiche Sommer zur Folge, dass durch Kälte und Nässe die Insekten ausbleiben. Da sie aber in den ersten Lebenswochen von Fasanen- oder Rebhuhnküken dringend benötigt werden, kommt es in einem verregneten Sommer zu einer hohen Kükensterblichkeit.

Der Druck der Fressfeinde innerhalb der Aufzuchtzeit hat ebenfalls erheblichen Einfluss. An dieser Stellschraube können wir Jäger drehen und durch gezielte jagdliche Maßnahmen eingreifen. In der Aufzuchtphase ist es enorm wichtig, Kulturflüchtern so gut es geht zu helfen. Wer ausreichend Hecken, Böschungen und anderweitige schützende Vegetationsflächen im Revier hat, bietet dem Wild auf natürlichem Weg Unterschlupf und dadurch Schutz vor Fressfeinden. Um nachhaltig Erfolg in der Niederwildhege zu erzielen, sollte der Jäger sowohl an der Lebensraumverbesserung als auch an der Raubwildbejagung arbeiten.

Die größer werdenden Jungfüchse unternehmen zunehmend ausgedehntere Ausflüge im Revier.

FUCHSJAGD

Rehwild wird im Juni heimlich. Häufig bleibt der Jäger beim Rehwildansitz im Juni deshalb gänzlich ohne Anblick. Wesentlich aussichtsreicher ist zu dieser Zeit die Jagd auf den Fuchs. Jungfüchse werden etwa ab Mitte Juni selbstständig und Altfüchse können deshalb – je nach geltender Jagdzeit – wieder bejagt werden. Was das Raubwild angeht, wirkt es für den Jäger bis zur Getreideernte noch relativ ruhig im Revier. Doch der Schein trügt! Im Rahmen der Jagd am Fuchs- oder Dachsbau wurden längst nicht alle Gehecke gefangen oder erlegt. Außerdem ziehen selbstständig werdende Jungtiere von Fuchs und Dachs aus den umliegenden Revieren im Juni zu dieser Zeit hinzu. Die Raubwilddichte wird deshalb zu dieser Jahreszeit häufig stark unterschätzt und der Jäger sollte deshalb nun jagdlich aktiv werden. Vor allem von frisch gemähten Wiesen werden Füchse im Juni stark angezogen. Hier lohnt sich der Ansitz deshalb besonders. Auf den abgemähten Wiesen ist für die roten Räuber reichlich Fraß zu finden. Sie suchen dabei die Flächen – ähnlich wie der Jagdhund bei der Feldarbeit – systematisch ab. Bei der Ansitzjagd an frisch gemähten Wiesen ist der Morgen- und Abendansitz am erfolgreichsten. Eine transportable Ansitzleiter leistet in dieser Zeit gute Dienste. Die Ansitzeinrichtungen lassen sich leicht verstellen und können immer dann dort postiert werden, wo sie im Revier benötigt werden. Häufig erscheint Reineke beim Ansitz an den großen Schlägen auf weite Entfernung zum Jäger. Selbst für den Schuss aus der Büchse ist der rote Räuber dann häufig nicht erreichbar. Doch Jungfüchse lassen sich noch sehr leicht locken. Ein Mauspfeifchen oder ein anderes Lockinstrument leistet zu dieser Zeit gute Dienste. Winterfüchse lassen sich im Vergleich dazu deutlich schwieriger zum Zustehen bewegen. Hatte der Jäger Jagderfolg, sollte der Ansitz keinesfalls sofort abgebrochen werden.

Jungfüchse sind im Juni noch häufig mit ihren Wurfgeschwistern unterwegs und es kommt deshalb nicht selten vor, dass der Jäger beim Ansitz an einer gemähten Wiese zu dieser Zeit mehrfach zu Schuss kommt.

In einigen Gegenden Deutschlands werden ab Ende Juni Wintergerstenschläge abgeerntet. Die dabei geschaffenen Stoppelfelder wirken ebenfalls wie ein Magnet auf den Fuchs, denn Mäuse sind hier in der Regel in Hülle und Fülle vorhanden. Doch diese Hotspots für das Raubwild haben häufig nicht lange Bestand. Stoppelfelder werden mittlerweile bereits kurze Zeit nach der Ernte des Getreides umgepflügt. Die Attraktivität für das Raubwild geht damit verloren. Der Jäger sollte deshalb frühzeitig nach der Ernte die sich bietenden Chancen nutzen.

Ansitzleitern lassen sich rasch und ohne großen Aufwand im Revier umstellen.

WASSER IM REVIER

Während einige Reviere reichhaltig an Wasserstellen sind, ist in anderen Revieren kaum verfügbares Wasser für unsere heimischen Wildtiere verfügbar. Wassermangel herrscht häufig in Gegenden, in denen sandige Böden dominieren. Alle unsere heimischen Wildtiere benötigen Zugang zu natürlichen Wasserquellen. Bei unseren Niederwildarten ist dieses Bedürfnis vor allem beim Fasan ausgeprägt. Für diese Hühnervogelart ist die Verfügbarkeit von Wasser essenziell. Beim Hochwild ist der Wasserbedarf insbesondere bei Rot- und Schwarzwild ausgeprägt. Diese beiden Arten reagieren bei starkem Wasser-

Fasane sind auf Wasser im Revier angewiesen.

Auch für zahlreiche andere Wildarten – wie zum Beispiel Schwarzwild – ist das Vorhandensein von Wasser im Revier wichtig.

Mit künstlich angelegten Wasserflächen kann der Jäger dem Wild insbesondere in trockenen Sommern helfen.

mangel unter Umständen sogar mit einer Abwanderung aus dem betroffenen Revier. Wasser wird keinesfalls nur für das Schöpfen benötigt. Es dient außerdem als:
— Badeplatz
— Brutstätte
— Suhle
— Nahrungsreservoir
Ein ausreichendes Wasserangebot hilft zudem, Wildschäden im Revier zu verringern. Vor allem in hochsommerlichen Trockenperioden versucht das Wild den Flüssigkeitsbedarf durch Pflanzensäfte zu decken, die es in Rüben, Kartoffeln und milchreifem Getreide findet. Die meisten Wildschäden treten daher in Trockenperioden auf. Wir Jäger können in wasserarmen Revieren Abhilfe schaffen. Wenn es die finanziellen Mittel zulassen und der Grundeigentümer sein Einverständnis gibt, empfiehlt sich das Anlegen größerer Teichanlagen. Dafür ist jedoch in der Regel eine Genehmigung des Landkreises erforderlich. Die Baubehörde gibt aber bei Revierteichen relativ einfach grünes Licht, wenn alle Vorschriften erfüllt werden. Letztlich profitiert nicht nur das Wild von den neu angelegten Wasserflächen. Auch viele Vogel- und Amphibienarten profitieren von dem kühlen Nass. Mit der Bepflanzung des Teiches und der Ufer wird zudem ein weiterer Schritt zur Lebensraumgewinnung geleistet.

JULI

ERNTE- UND BLATTZEIT

Im Juli beginnt die Erntezeit. Und damit die Zeit des Ernteschocks, insbesondere fürs Niederwild.

In dieser Zeit haben Feldhecken, Feldgehölze, Blühstreifen und Wildäcker eine besonders wichtige Funktion. Sind sie in ausreichender Menge und guter Struktur vorhanden, können sie den Wildtieren Schutz und Deckung bieten, wenn ihnen binnen weniger Stunden ihr gewohnter Lebensraum durch die Ernte entzogen wird. Diese Zeit ist insbesondere für das Niederwild außerordentlich herausfordernd. Besonders gut ist dies beim Hasen zu erkennen. Im Mai und Juni noch überall zu sehen, hat man nach der Ernte häufig den Eindruck, dass er verschwunden ist. Je mehr Deckung speziell der Hase, aber auch das übrige Niederwild in dieser Zeit findet, desto geringer ist der Faktor Stress – und umso geringer wird damit auch der Einfluss des Ernteschocks auf die Population der Tiere. Wir Jäger sollten deshalb diesen Flächen besondere Aufmerksamkeit schenken. Hilfreich ist es auch, wenn der Landwirt oder dessen Lohnunternehmer den einen oder anderen Streifen Getreide stehen lässt. Hier ist jeder Zentimeter wertvoll und es reichen 20 bis 30 cm breite und gute fünf Meter Länge bereits aus, um Deckung zu geben. Natürlich gilt aber auch hier: Je mehr, desto besser. Es macht daher durchaus Sinn, den Landwirt im Vorfeld der Erntemaßnahme darauf anzusprechen . In diesem Gespräch kann auch gleich die Bitte nach Kaff, also Dreschabfall mit Halmen und Körnern, geäußert werden. Denn den werden wir nämlich spätestens im September brauchen.

Durch die Getreideernte entsteht beim Wild der sogenannte Ernteschock.

Füchse werden von Stoppelfeldern angezogen, denn dort ist reichlich Nahrung zu finden.

Zu dieser Zeit ist es durchaus möglich, mehrere Räuber bei einem Ansitz zu erlegen.

FUCHS IM FOKUS

Dem Mähdrescher fällt allerlei Getier zum Opfer, auf das es Fuchs, Dachs und Sauen abgesehen haben. Ein Morgen- oder Abendansitz kann an den abgeernteten Flächen deshalb durchaus lohnen. Maisfelder stellen in einigen Regionen zu dieser Zeit des Jahres die einzige Deckung im Feldbereich dar. Nahezu alle Wildarten nutzen diese dichtbewachsenen Flächen im Sommer als Tageseinstand. Bei der Reizjagd auf den Fuchs sollte dies vom Jäger stets bedacht werden. Denn auch Reineke hat hier häufig seinen Tageseinstand. Wer meint, die Fuchsbesätze durch vorangegangene jagdliche Eingriffe im Griff zu haben, wird beim Abspüren der Stoppelfelder eines Besseren belehrt. Ausgegrabene Mäusenester und seine typischen Spuren verraten den roten Freibeuter rasch. Auch durch die auf kleinen Erhöhungen im Feldbereich hinterlassene Losung lässt sich die Anwesenheit des Fuchses rasch und zuverlässig bestätigen. Die Jungfüchse werden oder sind zu dieser Zeit des Jahres bereits selbstständig. Je nach Wurfzeitpunkt verhalten sie sich jedoch noch ganz unterschiedlich. Die einen verteidigen bereits ihr Streifgebiet und sind weitestgehend Einzelgänger. Andere sind mitunter noch mit ihrer Fähe oder einigen Geschwistern zu beobachten. Eines haben sie jedoch gemeinsam: Die noch unerfahrenen Jungfüchse stehen bei der Reizjagd in aller Regel zuverlässig zu. Ausgerüstet nur mit einem Sitzstock ist der Jäger im Mais flexibel hinsichtlich seiner Standortwahl. Dem Wind muss der Jäger trotzdem besonderes Augenmerk schenken. Er darf natürlich keinesfalls vom Jäger in Richtung des Fuchses wehen. Jeder missglückte jagdliche Versuch ist mit einem Lern-

Insbesondere Jungfüchse lassen sich im Sommer mit Lockjagdinstrumenten sehr gut bezirzen.

erfolg auf der Seite von Reineke verbunden. Füchse, die solche Erfahrungen gemacht haben, stehen in der Folge häufig nicht mehr zu. Maisschläge, unmittelbar angrenzend an Stoppelfelder, eignen sich hervorragend als Position für den reizenden Jäger.
Die Maispflanzen bieten gute Deckung für den Jäger und die Zwischenräume zwischen den Pflanzen erlauben freie Sicht auf das Feld und damit die potenzielle Beute. Bei der Wahl der Bekleidung sollte möglichst auf grüne Farben gesetzt werden, um optisch mit den Maispflanzen zu verschmelzen. Bei Bewegungen sollte die gewählte Bekleidung möglichst geräuschfrei sein. Ein paar heruntergenommene Maisblätter verbessern die Sicht und zum Anstreichen reicht häufig ein kräftiger Maisstängel vollkommen aus. Der brauchbare und standruhige Jagdhund kann bei dieser spannenden Jagd den Jäger selbstverständlich begleiten. Als Jagdzeit eignet sich sowohl der Morgen- als auch der Abendansitz. Nach meiner Erfahrung stehen Füchse am Abend jedoch meist besser zu. Wahrscheinlich liegt das darin begründet, dass der rote Räuber über den gesamten Tag hungern musste und er erst in den Abendstunden auf Beutefang geht. Am Morgen dürfte der Magen der Räuber bereits gut gefüllt sein, liegt doch die Nacht und damit die Hauptjagdzeit hinter Reineke. Im Sommer ist es besser, erst zu reizen, wenn der Fuchs für den Jäger sichtbar ist. Häufig kommt es andernfalls vor, dass der Räuber gut getarnt im Mais den Jäger umschlägt und schließlich irgendwann Wind bekommt. Die Anwesenheit des Fuchses bleibt für den menschlichen Jäger in solchen Fällen häufig völlig unbemerkt.
Wie wir reizen, bleibt jedem Jäger selbst überlassen. Die Kaninchenklage übt eine große Faszination auf Füchse aus, selbst wenn es schon über Jahre keine Kaninchen mehr im Revier gibt. Ähnlich klingende Laute lassen sich jedoch auch ohne Instrument erzeugen, indem man mit den Lippen am schräg gehaltenen Handrücken saugt. Das markante „Pfiiih“ ist weit zu hören. Wem die ersten Töne zu fremdartig erscheinen, der sollte vor dem Ansitz daheim üben, bevor der Fuchs den Stoppelschlag fluchtartig verlässt und Sicherheit im Mais sucht. Wer das Imitieren der Laute hingegen beherrscht, der wird schnell merken, dass auch alles andere Raubwild zusteht. Laute, die mit dem Mund entstehen, erzeugen übrigens weichere sowie natürlich klingendere Töne als Laute aus speziellen Lockinstrumenten. Ähnlich einfach gelingt die Erzeugung von Klagelauten eines Hasen mit der Faust und dem Mund. Hier setzen wir die Lippen an den von Daumen und Zeigefinger gebildeten Trichter und pusten die Luft wie beim Jagdhornblasen in den Hohlkörper der

Die Randbereiche von Maisfeldern können genutzt werden, um von dort aus Füchse zu locken.

Der Wind muss passen! Kriegt der gelockte Fuchs beim Heranschnüren Wind, reagiert er umgehend mit schneller Flucht.

Faust. Die anderen drei Finger können dabei rhythmisch geöffnet sowie geschlossen werden. Es ist beim Reizen jedoch nicht damit getan, dass lediglich der Quäklaut erzeugt wird. Das Wehgeschrei Meister Lampes sollte möglichst in verschiedenen Tonlagen und variierender Lautstärke wiedergegeben werden. Hat man die Laute einmal in der freien Natur gehört, gelingt einem das Imitieren dieser umso leichter. Insbesondere Jungfüchse stehen häufig wie aus der Pistole geschossen auf die ersten Klagetöne zu und laufen dem quäkenden Jäger regelrecht vor die Füße. Ein einmaliges Reizen reicht dazu oft völlig aus. Sobald der Fuchs zusteht, sollte das Klagen eingestellt werden.

WILDSCHÄDEN VERMEIDEN

Hat man Schwarzwild und zugleich Mais im Revier, kann einem die Freude am Sommer schnell vergehen – wenn man nicht rechtzeitig Maßnahmen ergreift. Der Mais kommt nun in die Milchreife und die über zwei Meter hohen Maispflanzen bieten Deckung sowie Fraß zugleich – ein wahres Sauenparadies. In dieser Zeit steht die Wildschadensverhütung häufig im Zentrum des jagdlichen Handelns.

Elektrozäune werden in zahlreichen Revieren auch heute noch zur Sauenabwehr eingesetzt. Andere Jäger lehnen die Zäunung aufgrund verschiedener Umstände ab. Dort wird dann häufig auf die Abwehr durch Verstänkerungsmittel gesetzt. Sie sind schnell ausgebracht, der Einsatz ist preislich überschaubar

Sauen ziehen im Juli gern in Maisfelder. Hier finden die Stücke Deckung und reichlich Fraß.

Zur Vermeidung von Wildschäden können Maisschläge beispielsweise gezäunt werden.

und es wird kein großer Stauraum für die Lagerung des Zaunmaterials benötigt. Eines der ersten Verstänkerungsmittel war Hukinol, das schon ewig bei uns Anwendung findet. Das flüssige Mittel nutzt den konzentrierten Geruch von Menschenschweiß zur Vergrämung und stinkt bestialisch. Daher empfehle ich bei Gebrauch unbedingt spezielle Kleidung, wie zum Beispiel einen Arbeitskombi, welcher nur für die Ausbringung genutzt wird und notfalls auch entsorgt werden kann. Relativ wirksam ist Hukinol außerdem gegen Damwild. Bei starken Regenfällen bricht die Wirkung allerdings schlagartig ein. Bei den beträufelten Lappen, die in einem Abstand von zehn bis 20 Metern an kleinen Pfählen hängen, empfiehlt sich daher ein kleines Dach. Das können zum Beispiel leere Konservendosen sein, die einfach umgekehrt über den Pfahlkopf und Lappen gestülpt werden. Damit die abschreckende Wirkung erhalten bleibt, muss das Mittel im Abstand von wenigen Wochen immer wieder aufgebracht werden. Zunehmend finden auch elektrische Geräte bei der Wildvergrämung Einsatz. Die Geräte wirken teilweise sehr unterschiedlich. Beim Kauf sollte unbedingt darauf geachtet werden, dass das entsprechende Gerät auch am Tag eine vergrämende Wirkung ausübt. Die Wirkung wird teilweise über Schall und Licht erreicht.

REHWILDBRUNFT

Mit Beginn der Brunft wird das Rehwild wieder aktiver. Böcke haben sich in der faulen Zeit im Juni die für die Paarungszeit notwenigen Reserven angefressen. Je näher das Ende des Monats herannaht, desto intensiver stellen die Rehböcke den weiblichen Stücken nach. Das zeigt sich auch durch eine höhere Bewegungsaktivität und eine deutliche Verringerung der Ruhephasen. Die Stücke äsen deutlich weniger und auch die Zeiten des Wiederkäuens nehmen ab. In der Anfangsphase der Rehwildbrunft beschäftigt sich der Bock mit den in seinem Territorium lebenden brunftigen Ricken und Schmalrehen. In der zweiten Hälfte der Brunft suchen die Böcke zunehmend auch außerhalb ihrer Einstände nach weiblichen Stücken und legen dabei durchaus größere Strecken zurück. Es ist also nicht ungewöhnlich, gerade während der Brunft völlig unbekannte Böcke anzutreffen. Die eigentliche Brunft wird von den Ricken eingeleitet. Die Eizellen gelangen in den Eierstöcken zur Reife und die Ricke ist zur Paarung bereit, sobald die Follikel sprungreif sind. Dabei lockt die Ricke nicht nur akustisch mit dem Fiepen, sondern gibt vermehrt ein Duftsekret über die Laufbürsten an den Hinterläufen ab. So findet der Bock die Ricke spielerisch und beginnt mit dem Treiben, das bis zu einem Tag anhalten kann. Das Treiben fördert somit bei der Ricke den Follikelsprung und es kommt zum Beschlag. Die Brunft der Ricke dauert zwei bis drei Tage.

BLATTJAGDSTAND

Die Blattjagd setzt vom Jäger nicht nur viel Erfahrung voraus, sondern auch eine konsequente Vorbereitung. Schließlich geht es darum, mit unseren verkümmerten menschlichen Instinkten Wildtiere zu überlisten. Besonders erfahrene Böcke wissen genau, welche Stellen im Revier gemieden werden sollten. Rehwild lernt rasch und das Wild beobachtet den Jäger genauso, wie der Jäger das Wild. Bereits weit vor der Blattzeit sollte auf Plätz- und Fegestellen geachtet werden.

Vor allem frische Plätzstellen verraten oft den gesuchten Bock. Anhand von Beobachtungen, Wildkameraaufnahmen, gefundenen Plätz- sowie Fegestellen können die Bockeinstände identifiziert werden. Die Blattjagdstände werden dann auf Basis dieser Erkenntnisse im Revier platziert. Ideal dafür sind lichte Baum- und Althölzer, in denen der Jäger den Blattjagdstand in einer Entfernung von 80 bis 100 Metern zum Rehbockeinstand einrichtet. Im Feldbereich bieten sich Flächen im Lagergetreide, Zuckerrübenschläge oder die Randzonen von Maisschlägen an. Vorhandene Drückjagdstände, offene Leitern mit Rundum-

Ab Mitte Juli geht es so langsam los: Die Brunft des Rehwildes beginnt.

sicht oder auch Holzpolter können selbstverständlich genutzt werden, wenn sie Rundumsicht und vor allem Deckung für den Jäger bieten. Auch mobile Ansitzschirme bieten sich als Blattjagdstand an, wenn kurzfristig Fegestellen bekannt werden. Doch Vorsicht: Jegliche Veränderungen im offenen Gelände werden vom Wild rasch wahrgenommen. Die Tarnung spielt auf solchen mobilen Ständen nochmals eine deutlich wichtigere Rolle. Gesichtsschleier und Handschuhe sind dabei in jedem Fall zu empfehlen. Insbesondere alte Böcke ziehen beim Zustehen in Richtung des Jägers gern im Dunklen. Sie zum Springen in hellere Bereiche zu bewegen, ist eine wahre Herausforderung. Ein weiterer Aspekt bei der Auswahl des Blattjagdstandes ist der vorhandene Kugelfang. Denn was nützt es, wenn der Jäger gut getarnt den Rehbock aus seinem Einstand lockt, der Schuss aus Sicherheitsgründen jedoch unterbleiben muss? Häufig ist bereits durch die Geländeformation ein Kugelfang für den vom Boden aus blattenden Jäger gewährleistet. Ist dies jedoch nicht gegeben, muss sich der Jäger auf erhöhten Ansitzeinrichtungen einen Platz suchen. Will der gesuchte Bock partout nicht springen, hilft es häufig, wenn die Blattjagdarien durch das Imitieren von Plätz- sowie Fegegeräuschen aufgepeppt werden. Dazu scharrt der Jäger mit den Füßen auf dem Boden und schlägt mit einem kleinen Stock gegen Sträucher oder herumliegende Stämme und Äste. Dies kann ruhig zwei bis drei Mal wiederholt werden, sollte der Gesuchte nicht umgehend zustehen. Vermutet der Rehbock einen Rivalen in seinem Revier, hält ihn in der Regel nichts mehr im Einstand!

In Vorbereitung auf diese spannende Jagdart sollte das Musizieren auf den Blattjagdinstrumenten geübt werden. Dies sollte bestenfalls nicht erst im Revier, sondern zu Hause geschehen. Ich selbst bin ein Verfechter des Rottumtaler Rehblatters. Doch die Auswahl

Blattet der Jäger vom Boden aus, kann das Thema Kugelfang zum Problem werden.

Rehböcke markieren mit Plätzstellen ihr Territorium.

an Instrumenten für die Blattzeit ist schier unendlich und auch andere Modelle haben mit Sicherheit eine lockende Wirkung. Zahlreiche Jäger haben Angst davor, die falschen Töne zu spielen und so den Rehbock nachhaltig zu verscheuchen. Diese Angst ist nach meiner Erfahrung jedoch völlig unbegründet. Zum einen verzeiht das Wild den einen oder anderen „falschen" Ton. Zum anderen ist das Spielen der handelsüblichen Blattjagdinstrumente wahrhaftig keine Wissenschaft und für jeden Jäger gut zu meistern. Für das Üben kann auf Videos und sogar Apps zurückgegriffen werden. Das Angebot ist auch hierbei schier unüberschaubar.

02

01

KLEINE FEHLER, GROSSE WIRKUNG

Ist der Blattjagdstand bezogen und erklingen die ersten Töne aus dem Blatter des Jägers, sollte dieser bereits fertig zum Schuss sein. Rehböcke stehen häufig blitzschnell auf die ersten zarten Fieplaute zu. Da bleibt für den Jäger keine Zeit mehr, um die in der Ecke des Drückjagdstandes abgestellte Waffe zu greifen und in den Schlag zu gehen. Blattjagd erfordert vom Jäger höchste Konzentration. Rehböcke tauchen dabei häufig unverhofft rasch und in unmittelbarer Nähe zum Blattjäger auf. Viele Jäger raten, den Blatter nicht zu früh in der Rehbrunft einzusetzen. Nach meinen Erfahrungen sind die ersten Augusttage sicherlich die besten Tage für die Blattjagd. Doch auch bereits Ende Juli kann der Jäger bereits Erfolg haben. Ab dem 12. August flacht die Brunftaktivität beim Rehwild massiv ab und es gelingt nur noch selten, einen Rehbock zum Zustehen zu bewegen. Doch auch hier gilt: Probieren geht über Studieren. Denn Rehböcke sind Individualisten und verhalten sich demnach teilweise sehr unterschiedlich. Während der eine Bock bereits Mitte Juli in der Brunft aktiv wird, springen andere sogar noch Mitte August. Neben dem Zeitpunkt spielt vor allem das vorherr-

03

04

schende Wetter am Blattjagdtag eine wichtige Rolle. Witterungseinflüsse entscheiden häufig über Erfolg oder Misserfolg des fiependen Jägers. Bei Nässe und Kälte läuft häufig gar nichts. Böiger Wind sorgt für starkes Blätterrauschen in der Vegetation. Diese Geräuschkulisse überlagert die Fieplaute des Jägers, sodass sie vom gesuchten Rehbock häufig gar nicht wahrgenommen werden können.

01 Wildkameras helfen bei der Bestätigung von Rehböcken.

02 Kennt der Jäger den Einstand des gesuchten Rehbocks, postiert er sich etwa 100 Meter entfernt bei der Blattjagd.

03 Das Spielen der gängigen Blattjagdinstrumente gelingt mit ein wenig Übung jedem Jäger.

04 Bei der Blattjagd tauchen immer wieder bis dato unbekannte Böcke vor der Büchse des Jägers auf.

Durch die vorherige Jagdruhe lässt sich sogar Rotwild im Juli teils noch in der Dämmerung beobachten.

GESCHLECHTERVERHÄLTNIS

Für eine gute Blattzeit ist nicht die Größe des Rehwildbestandes ausschlaggebend. Viel wichtiger ist das vorherrschende Geschlechterverhältnis. Deshalb beginnt die Vorbereitung einer guten Blattjagd bereits weit im Vorfeld der Blattzeit. Liegt im Revier ein großer Überhang an Ricken und Schmalrehen vor, wird es für den Jäger sehr schwer, einen Rehbock zum Zustehen zu bewegen. Eine konsequente Bejagung des weiblichen Rehwildes sorgt deshalb unter anderem auch für eine beutereichere Blattzeit. Und auch die im noch jungen Jagdjahr bereits erfolgte Rehbockjagd hat Auswirkung auf die Blattzeit. Denn sind bereits zahlreiche Böcke erlegt worden, fehlen diese natürlich zur Blattzeit.

SCHMALSPIESSER UND SCHMALTIERE

Auch wenn Rotwild im Sommer nicht so empfindlich wie in anderen Jahreszeiten auf Störungen reagiert, sollte die Jagd dennoch durchdacht und geplant sein. In einigen Bundesländern haben Schmalspießer und Schmaltiere bereits ab Mai bzw. Juni Jagdzeit. Durch die einige Monate lange Jagdruhe lassen sich die Stücke nun bereits früh am Abend noch bei gutem Licht auf Offenflächen beobachten. Grundsätzlich sollten wir, möglichst eine Stunde bevor das Wild austritt, ansitzen. Dem Ansitz nähern wir uns dabei so leise pirschend, als ob das Wild bereits in der Nähe stünde. Vor allem Rotwild vernimmt bei ruhigem Wetter schon auf weite Entfernung jedes auffällige Geräusch.

Körperlich starke Rotspießer, deren Spieße die Lauscher deutlich überragen, sollten geschont werden. Andererseits verlangt die Abschussplanung, dass der Anteil der Rotschmalspießer und -schmaltiere am Gesamtabschuss rund 20 Prozent beträgt. Wird diesen Maßgaben zufolge die Hege mit der Büchse nach dem Zielalter betrieben, ergibt sich für den Hirschbestand die gewünschte, steil verlaufende Alterspyramide. Dieses Ideal kann jedoch nur erreicht werden, wenn in die Altersklasse der

Kälber und Junghirsche eingegriffen wird. Zudem hat ihr Entnehmen aus der Population keine Auswirkungen auf die Rangordnung in Rudeln oder Trupps. Der höhere Anteil älterer Hirsche fördert wiederum die Verteilung der Geweihten in kleinere Trupps. Diese nutzen ihren Lebensraum besser als große (Jung-)Hirschrudel, was die Wald- und Wildschadenssituation stark entlastet.

Letztlich wird durch die jagdliche Strategie der 20-Prozent-Regelung versucht, große Rudel zu verkleinern und kleine Trupps zu erhalten. Das gilt nicht nur für Hirsche, sondern auch für das Kahlwild. Dies ist der Grund dafür, dass im Juni Schmaltiere vorrangig aus den größten Kahlwildrudeln zu entnehmen sind. Beim Abschuss sollten zunächst die schwächsten Schmaltiere entnommen werden. Falls bei Bewegungsjagden später im Herbst ebenfalls Schmaltiere freigegeben werden sollen, muss dies natürlich bei den Abschüssen im Juni berücksichtigt werden.

Ein zu starker Eingriff in die Jugendklasse der Geweihten sowie Fehlabschüsse in der Mittelklasse führen unweigerlich zum Fehlen alter Hirsche – eine Situation, wie sie heutzutage leider fast in allen Revieren anzutreffen ist. Je weniger alte Hirsche es jedoch gibt, umso häufiger nehmen junge Hirsche aktiv an der Brunft teil, wodurch jedoch deren Kondition geschwächt wird. Ein Rothirsch ist erst mit sieben Jahren ausgewachsen. Hat er frühzeitig Gelegenheit, aktiv an der Brunft teilzunehmen, die Brunft womöglich sogar als Platzhirsch zu bestreiten, wirkt sich der durch den Kräfteverbrauch eintretende Körpergewichtsverlust schädlich auf den Wachstumsprozess des Stückes aus. Zudem hat das Verhältnis von ausgewachsenen Hirschen zu Schmal- und Alttieren in der Brunft eine wesentliche biologische Bedeutung.

Mittelalte Hirsche sind in der Regel zu schonen. Leider kommen die prahlenden Geweihten jedoch immer wieder zur Strecke.

AUGUST

ZWISCHEN JAGD UND WINTERVORBEREITUNG

August und September sind die Zeit der jagdlichen Vorbereitung auf den Herbst. Dazu gehört natürlich auch die Planung von Treibjagden, aber hier soll es vorrangig um die notwendigen Revierarbeiten und anderes gehen.

Knoten ins Taschentuch: Von August bis Oktober hat der Dachs Jagdzeit! Und die muss aufgrund ihrer wohl den meisten Jägern unverständlichen Kürze und sinnfreien kalendarischen Terminierung unbedingt genutzt werden. Sei es bei einem Ansitz auf dem frisch geernteten Feld oder am Bau. Oder auch mit der Falle. Der Dachs ist ein cleverer Nesträuber – umso wichtiger ist es, die für seine Bejagung nachteilige Jagdzeit nicht zu verpassen! Zudem ist der Dachs, man glaubt es kaum, eine kulinarisch ausgezeichnet verwertbare Raubwildart. Dachsschinken aus dem Rücken oder der Keule sind tatsächlich sensationell. Aber nicht vergessen: Ein Verzehr verlangt eine vorherige Trichinenuntersuchung! Nicht nur der Dachs ist mit der Falle zu bejagen, sondern auch das übrige Raubwild. Gerade die Marderartigen geraten gern in Vergessenheit, und ich war selber bass erstaunt über die hohe Zahl der kleinen Räuber, die ich fangen konnte. Mir war gar nicht bewusst, wie viele der Nesträuber sich im Revier verstecken! Zum Sommerende sollten alle Fallen gewartet, gegebenenfalls neue aufgestellt und zumindest auf „Durchlauf" gestellt werden. So gewöhnt sich das Raubwild daran und geht später umso leichter hinein.

Ein echter Fallen-Hotspot für alle Raubwildarten ist eine Mäuseburg. Schon bei deren Planung kann man selbst eine größere Kastenfall berücksichtigen und dann in die Burg integrieren. Eine Mäuseburg ist im Grunde nichts anderes als ein großer, wetterfester Verschlag, der mit Stroh und Kaff locker gefüllt ist und von außen regelmäßig mit Weizen befüllt wird. So eine Burg baut man in guter Schussdistanz und natürlich mit freiem Schussfeld zu einem Hochsitz. Der Spätsommer ist der richtige Zeitpunkt,

Einst waren die Dachsbesätze auf sehr niedrigem Niveau. Mittlerweile ist Grimbart in zahlreichen Revieren in teils hoher Anzahl anzutreffen.

Um die Effektivität zu steigern, können Fallen mit Mäuseburgen kombiniert werden.

Nach der Ernte des Getreides sollten rasch die Niederwildfütterungen kontrolliert und neu beschickt werden.

sich eine Mäuseburg ins Revier zu stellen. Bis zum Herbst nehmen die Mäuse sie dann garantiert an, und entsprechend zieht die Burg, vor allem im Winter, Füchse und Marder magisch an.

NIEDERWILDFÜTTERUNGEN AKTIVIEREN

Mit voranschreitender Ernte verliert das Niederwild auch eine Menge seines Nahrungsangebots, und es ist nun an der Zeit, die Fasanen- und Rebhuhnschütten instand zu setzen und wieder zu aktivieren. Fasan und Rebhuhn brauchen eine gewisse Zeit, um sich wieder an die Fütterungen zu gewöhnen, d. h., sie anzunehmen. Zur Planung eventueller Treibjagden, aber auch für eine Erfolgskontrolle hinsichtlich der Hegemaßnahmen, ist es Ende September wieder Zeit für eine kleine Wildinventur. Es gilt, das Niederwild zu zählen oder zu schätzen und den Herbstbestand zu ermitteln.
Ein Vergleich mit den Frühjahrsdaten zeigt, wie sich der Bestand entwickelt hat und ob ein Abschöpfen des Bestandes möglich ist, und in welchem Ausmaß ggf. geerntet werden darf. Zu denken ist auch an das Wasserwild – die Entenflöße werden aktiviert. Sobald diese angenommen sind, sollte geprüft werden, wo die Breitschnäbel aufsteigen, wie sie fliegen und wo sie einfallen. Kennt man die Flugrouten sowie die Tages- und Nachtplätze, kann man durchaus die eine oder andere Ente erlegen, indem z. B. ein Jäger sie hochmacht und ein anderer sie abpasst.

KRÄHENBEJAGUNG

Jetzt ist auch die Zeit gekommen, den Krähen nachzustellen. Auf den geernteten Feldern lassen sich gut Lockbilder aufbauen, Luder auslegen und ggf. auch Uhu- oder Fuchsattrappe einsetzen.

Damit die Krähenjagd erfolgreich verläuft, sollten im Vorfeld Schlafbäume und Flugrouten ausgemacht werden.

Rabenvögel begreifen unglaublich schnell, wie sie sich Nahrungsquellen erschließen und sichern können. Und: Die überaus vorsichtigen Allesfresser beobachten alle Aktivitäten des Menschen in ihren Revieren genau. Das machen wir uns zunutze. Der Beginn der Jagd besteht sinnvollerweise darin, die Gewohnheiten der Vögel auszukundschaften. Man erkundet die Schlafplätze und die Flugrouten, denn Krähen halten Flugstraßen ein, ähnlich wie es das Raubwild mit bestimmten seiner Pässe tut. Wiederholtes Beobachten am frühen Morgen gibt Aufschluss darüber, und schnell weiß man auch, welche die bevorzugten Fraßplätze der Krähen sind und wo ein Lockbild mit Schirm platziert werden muss. Beobachtungsgabe und die Fähigkeit, sich etwas in die schlauen Vögel hineinzuversetzen, sind wichtige Eigenschaften des Krähenjägers.

LOCKJAGDEQUIPMENT

Jetzt beginnt die Materialschlacht: beflockte Lockkrähen – je mehr, desto besser, Krähenkarussell, Camouflagebekleidung, Tarnhandschuhe und Gesichtsmaske und Decobags; dazu natürlich akustische Krähenlocker. Ohne all das wird es leider schwer. Eine größtmögliche Unsichtbarkeit des Jägers ist ohne Frage entscheidend. Die lernfähigen Rabenvögel besitzen einen hervorragenden Gesichtssinn. Sie nehmen Farben, Hell-Dunkel-Kontraste und Bewegungen sehr genau wahr. Deswegen sind eben auch Tarnhandschuhe und -schleier fast zwingend. Genauso wichtig wie Tarnung ist natürlich der Standort. Die Höhe des Schirms selbst liegt zwischen Kinn und

Bei der Krähenjagd sind Tarnung und Ruhe bis zum Schuss enorm wichtig.

Mindestens zehn Lockkrähen sollten für ein attraktives Lockbild genutzt werden.

Nasenspitze des Jägers. Eine Sitzbank ist nicht notwendig und beim Schießen nur hinderlich. Ein Ansitzstock genügt immer, denn Bewegungsfreiheit nach allen Seiten ist ein Muss. Nicht alle Jägerinnen und Jäger können oder möchten sich gleich 30 Lockkrähen anschaffen. Hier kann man auch auf bereits erlegte Rabenvögel zurückgreifen. Sie sind hervorragende Attrappen und ihren Kunststoffimitaten überlegen. Ein größerer Vorrat erlegter und nicht zu zerschossener Vögel in der Truhe ist zu empfehlen. Bei den Lockbildern auf Krähen unterscheiden wir zwei Arten: das freundliche und das feindliche Bild. Das feindliche Lockbild, das der alten Form der Hüttenjagd nahekommt, setzt auf das natürliche Angriffsverhalten der Rabenvögel gegenüber Nahrungskonkurrenten und Fressfeinden. Jeder muss die für sich effizienteste Form herausfinden, wobei aber gerade bei der Krähenjagd ständig Flexibilität gefragt ist.

Überwiegend wird mit dem freundlichen Lockbild gearbeitet. Hierzu gehören mindestens zehn Lockkrähen (Decoys). Je mehr, desto besser. Viel hilft viel – das ist bei den futterneidischen Schlaumeiern gut zu erkennen. Einige zusätzliche Locktauben können nicht schaden, denn Tauben sind auf den Äckern gerne Begleitvögel der Krähen. Darauf zu achten ist, dass Kunststoffexemplare nicht unnatürlich glänzen. Besser sind in dieser Hinsicht beflockte, d. h. mit einem filzartigen, tiefmattschwarzen Material überzogene Plastikkrähen. Sie sind teurer, aber der Mehrpreis zahlt sich aus. Beflockte Krähen kommen einer echten Krähe optisch sehr nahe und werden von erfahrenen Jägern ausschließlich verwendet.

Rund 20 Meter vor dem Tarnschirm sollten die Lockvögel positioniert werden.

JAGDABLAUF

Die Jagd selbst beginnt im Dunkeln. Der frühe Morgen ist die Zeit mit der stärksten Flugbewegung, Krähen sind immer zeitig auf den Ständern und auf dem Weg zu den ihnen bekannten Nahrungsquellen.

Noch vor der Dämmerung werden deshalb die Lockkrähen aufgestellt. Das Lockbild liegt idealerweise zwischen dem Schirm und der Anflugrichtung der erwarteten Krähen, damit man die Vögel frühzeitig erkennt. Die Plastikkrähen werden mit der Zufälligkeit angeordnet, wie man sie auch bei echten Krähen auf einem Acker sieht: einige dicht zusammen, andere auseinander. Die eine oder andere abseits. Keine Lockkrähe darf aber weiter als 20 Meter vom Schirm entfernt platziert werden. Von oben muss das Bild so aussehen, als ob die Decoys nach Futter suchen. Zu achten ist darauf, dass die offene Seite des Lockbildes in die Windrichtung zeigt, denn auch Krähen fallen gegen den Wind ein; das aber nicht immer direkt bei ihren Artgenossen, daher der genannte Maximalabstand der Lockkrähen von 20 Metern zum Schirm, denn die Schrotschussentfernung darf 30 Meter nicht übersteigen. Gewöhnlich drehen die Krähen gern zwei bis drei Runden über den Attrappen. Erscheinen die schwarzen Vögel am Horizont, kommt der Locker zum Einsatz. Der richtige Lockruf kann mitentscheidend für den Jagderfolg sein. Doch Vorsicht: Der richtige Umgang mit dem Locker setzt viel praktische Erfahrung voraus und – Übung, Übung, Übung!

Bei der Krähe kennen wir drei Rufarten: den Warnruf, den Gesellschaftsruf und den Hilferuf. Der Warnruf ist ein wiederholtes, hastiges „Kra-äh“ und wird bei Gefahr ausgestoßen. Die Betonung liegt auf der letzten Silbe. Diesen Ruf vermeidet man natürlich tunlichst. Der Gesellschaftsruf klingt wie ein langgezogenes „Kra – a – ah“ und ist häufig von einzelnen Krähen zu hören, die auf einem Baum sitzen. Dieser Ruf ist eine Aufforderung an andere Artgenossen herbeizustreichen. Der Hilferuf ist ähnlich, die Betonung liegt nur stärker auf dem mittleren „a“. Stehen die Krähen zu, ertönt er in immer kürzeren Intervallen. Jedes hektische Rufen ist generell schlecht. Der beste Lehrmeister ist dabei die Natur selbst.

Erlegte Vögel sollten schnellstmöglich aus dem Lockbild entfernt werden. Sie haben auf heranfliegende Krähen eine Scheuchwirkung.

01 Zwischenfrüchte und verbliebene Streifen Mais helfen dem Niederwild über den Winter. Solche Flächen sollten bereits im August geplant werden.

02 Für die Anlage von Äsungsflächen im Hochwildrevier eignet sich die Saatgutmischung „Landsberger Gemenge".

03 In Niederwildrevieren sorgen Dachse für Verluste bei Gelegen und Jungwild.

04 Zahlreiche Dachse fallen dem Straßenverkehr zum Opfer.

Weiterhin muss beachtet werden:

1. Sicherheit hat wie immer oberste Priorität, mitunter schießen wir relativ flach.
2. Nicht zu oft an ein und demselben Platz jagen.
3. Hohe Bäume und Strommasten in der Nähe des Lockbildes meiden.
4. Gute Tarnung ist Pflicht.
5. Nicht auf große Schwärme schießen – die Überlebenden werden zu schlau.
6. Hecken und dichtes Buschwerk als Schirm meiden, denn sonst werden die Krähen zu spät gesehen.
7. Jede beschossene Krähe genau beobachten und ggf. nachsuchen.
8. Stetige Flexibilität und Ideeneichtum sind bei der Krähenjagd gefragt.
9. Futterplätze für Krähen lassen sich anlegen.
10. Keine elektrischen Locker einsetzen, die bei der Jagdausübung verboten sind.

ANBAU VON ZWISCHENFRÜCHTEN

Die landwirtschaftlichen Flächen sind zunehmend abgeerntet und bald darauf werden sie gepflügt – übrig bleiben blanke Äcker. Jetzt ist es an Jägerinnen und Jägern, diese Flächen zu nutzen und aufzuwerten. Es ist sinnvoll, früh genug mit den Landwirten über einen Zwischenfruchtanbau zu reden, ihnen Saatgut und Dünger zur Verfügung zu stellen und dafür zu sorgen, dass hier und da einige Reihen Mais stehen bleiben. Je früher man diese Gespräche führt, desto wahrscheinlicher werden die Wünsche der Jäger berücksichtigt. Auf die geschälte Stoppel können Lupine, Winterraps oder Ölrettich breitwürfig ausgesät und eingeeggt, auf kleineren Flächen durchaus auch von Hand eingeharkt werden. Sehr gut bewährt hat sich auch die sogenannte „Saubohne", die besonders intensiv von Reh- und Schwarzwild angenommen wird.
Parzellen mit besonders starkem Wildschaden in Waldnähe sollten nicht geerntet werden, sondern als Äsung über den Winter stehen bleiben. Ein nur zehn Meter breiter Streifen Hafer zum Beispiel reicht schon aus. Auf dem Wildacker kann jetzt das sogenannte „Landsberger Gemenge" dem Hafer folgen.

01

02

03

04

Für je ein Viertel Hektar wird auf geringen Standorten ein Gemenge aus folgenden Sämereien benötigt:

— 5 kg Welsches Weidelgras
— 5 kg Inkarnatklee
— 7 kg Winterwicke

Im Hochwildrevier ist das „Landsberger Gemenge" als Grünäsung bestens geeignet. Zudem kann es noch Anfang September gesät werden.

WINTER VOR DER TÜR

Der bevorstehende Winter bedeutet für den Jäger im Niederwildrevier, noch einmal zu reflektieren, ob alles für die kalte Zeit an- und eingerichtet ist: Sind die Fasanen- und Rebhuhnfütterungen beschickt? Liegt genug Getreide für den Winter auf Vorrat? Besteht Zugriff auf hochwertiges Heu für die Hasen? Sind die Fallen bereit für den Einsatz und auf Durchlauf gestellt? Salzlecken gefüllt? Malbäume, Suhlen und Kirrungen beschickt? Ansonsten ist es jetzt an der Zeit, die Kaffhaufen über das Revier verteilt in die Dickungen zu bringen, gern in dichte, dornige Bereiche mit möglichst trockenem Boden. Wir erinnern uns: Kaff, das sind die Ernte- und Dreschreste, die wir dem Landwirt zur Ernte abgeschwatzt haben. Kaffhaufen sollten jeweils aus mindestens drei bis vier Schubkarren von Dreschresten bestehen. Ist nicht genug Weizen oder Mais dabei, wird das Kaff am besten etwas angereichert.

Gerade das Rebhuhn wird diese Futterplätze lieben, aber auch Fasane tummeln sich hier gerne. Denn es gibt nicht nur Futter: Die Dreschabfälle beginnen schnell zu gären und geben dadurch Wärme ab, die gerade die eher kleinen Rebhühner auch gern annehmen. Sie bleiben oft stundenlang auf den Futterhaufen liegen und sind dabei durch die Dornenumgebung vor Fressfeinden gut geschützt. In touristischen Gebieten kann es sich auch lohnen, Wildruhezonen auszuweisen. Wie zuvor bei den Brutplätzen gibt es natürlich keine Garantie dafür, dass solche Zonen nicht betreten, sondern gemieden werden. Aber den Versuch ist es wert. Besser als die alt-jagdlichen Verbotsschilder sind in aller Regel positive Argumente.

DACHSJAGD

Aus dem einstigen Problemkind Dachs ist mittlerweile ein ausgewachsenes Problem geworden. Von seinem starken Besatzeinbruch in den 1970er-Jahren hat sich Meister Grimbart schon lange erholt. Das zeigen nicht nur die ständig steigende Jagdstrecke, sondern auch die Beobachtungen in den ei-

„Wer den Bau kennt, hat den Dachs", lautet ein altes Jäger-Sprichwort.

genen Revieren. Wie hoch der vermutlich extrem hohe Fallwildanteil an den Dachsstrecken ist, geht aus den Zahlen leider nicht hervor. Sicher ist: Es gibt wieder eine Menge Dachse. Und sie gehen zu Schaden. Beim Niederwild, aber auch im Mais. Die Jagd auf den Dachs scheint jedoch in Vergessenheit geraten zu sein und mit ihr gingen auch die Verwertungsmöglichkeiten dieses Wildes verloren. Dachswildbret war einst durchaus beliebt. Noch begehrter war das Schmalz, das ausgelassene Fett des Dachses, weil es gegen Rheumatismus und ähnliche Krankheiten hilft. In so mancher Apotheke war Dachsschmalz ein Standartartikel. Aber auch als Stiefelfett wurde es verwendet. Die feinen Dachsborsten wurden zu hochwertigen Rasierpinseln verarbeitet und gern auch bei der Herstellung von Bürsten verwendet. Niederwildjäger trugen voller Stolz den Dachsbart, bewies er doch jedem, dass man den starken Räuber überlistet hatte.

GUTE GRÜNDE

Für die Jagd auf den Dachs gibt es verschiedene sinnvolle Gründe: Der Dachs ist vielseitig verwertbar und ein Schinken aus seinem Wildbret wirklich schmackhaft (Trichinenbeschau!). Dachsschäden im Mais können enorm sein: Die Beschwerden der Landwirte nehmen zu und der Schaden wird oft genug als Schwarzwildschaden deklariert. Die Dachsdichte ist enorm gestiegen – Jägerinnen und Jäger sollten ihren Hegeauftrag sehr ernst nehmen. Zu guter Letzt ist die Bejagung des Dachses spannungsreich und außerdem mit ansehnlichen Trophäen sowie schönen und spannenden Erinnerungen verbunden. Der Dachs kommt mit der Veränderung seines Lebensraumes gut zurecht und besiedelt mittlerweile selbst waldarme Gebiete. Wir finden ihn in Knicks, Bahndämmen und leichten Anhöhen. Wo gute Baue knapp sind, nimmt Grimbart, ähnlich wie Reineke, auch einmal Vorlieb mit den Bodenbrettern einer Heuscheune, einem Drainagerohr im Feld oder unter der Straße. Wir müssen überall mit Grimbart rechnen, er ist nur noch nicht so stark verstädtert wie Fuchs und Marder. Um den Dachs erfolgreich zu bejagen, muss man sein Revier kennen. Bevor es zur Jagd geht, müssen also zunächst die Hausaufgaben gemacht werden. Viele Revierinhaber kennen nicht einmal ihre Dachsbaue oder wissen nicht, dass der Dachs schon lange im Revier lebt. Eine einmalige Kontrolle der Baue reicht auch nicht aus, immer wieder müssen Grimbarts Kellerwohnungen kontrolliert werden, idealerweise einmal wöchentlich nach ergiebigem Regen. Der typische Zuckersand in der Dachsrinne gibt kein sicheres Indiz: Oft sind die Schmalzmänner nur über Nacht am Bau gewesen. Dann glaubt man, Grimbart sei im Bau und sitzt erfolglos an. Am besten sitzt man bei gutem Wind in einiger Entfernung und gedeckt zum Bau an. Im August fährt der Dachs oft unregelmäßig aus seiner Behausung aus, sodass schon zeitig gesessen werden sollte. Beim Verlassen des Baus verharrt er gern noch eine Weile sichernd im Schutze der Einfahrt. Wehe dem, der jetzt schon schießt – der Dachs muss unbedingt einige Meter vor der Röhre sein! Hat Grimbart seinen Bau dann verlassen, ist immer noch Ruhe angesagt. Meist sucht er zuerst die Dachslatrine auf oder sitzt noch einige Zeit sichernd und sich putzend auf dem Bau. Kehren die Dachse dann nach der Maisernte im September zurück zu ihren Hauptbauen, muss der Ansitz auf sie weiter intensiviert werden, denn nun verlieren wir von Tag zu Tag mehr Licht. Der Dachs ist nun einmal ein nachtaktives Tier.

BLATTZEIT BEGINNT

Wenn in der ersten Hälfte des Augustes die Rehwildbrunft abklingt, ist das die ideale Zeit zum Blatten. Jetzt sind die meisten Schmalrehe und Ricken bereits beschlagen, die Böcke aber halten weiter nach brunftigen Stücken Ausschau. So stehen sie eher auf die künstlich erzeugten Fieptöne als am Anfang der Brunft. Wenn der Bock aufs Blatt springt, erfordert die Situation einen erfahrenen und umsichtigen Weidmann. Er muss den Bock mitunter in wenigen Sekunden ansprechen und ihm im lichten Altholz eine saubere Kugel antragen.

In der ersten Augusthälfte nähert sich die Rehwildbrunft ihrem Höhepunkt.

02

Wer der Blattjagd nachgehen möchte, dem stellen sich folgende Fragen:
- An welchen Stellen im Revier wird am besten geblattet?
- Wann wird am besten geblattet?
- Wie wird am besten geblattet?

Bereits vor der Blattzeit sollten geeignete Plätze zum Blatten ausgesucht werden. Oft sind kleine Schirme dabei von Vorteil.

Dabei ist vor allem zu achten auf:
- den Wind
- das Einstandsgebiet
- Übersichtlichkeit

Bei der Blattjagd geht es in der Regel um die Bejagung eines alten territorialen Bockes. Deshalb konzentriert sich die Aufmerksamkeit am besten auf dessen bevorzugten Einstand, den der Jäger in der Regel kennt. Frische Plätz- und Fegestellen bestätigen diesen Einstand. Beim Blatten springt der Bock nicht gerne auf Blößen, deshalb ist auf etwas – natürlich nicht zu viel – Deckung zwischen Einstand und Blattjagdschirm zu achten: Geeignete Blattstandorte sind vor allem Stangen-, Baum- oder Althölzer mit lichtem Unterwuchs. Sie bieten beiden Beteiligten – Jäger und Stück – sowohl etwas Deckung als auch Übersicht, sodass ein sicheres Ansprechen möglich ist. Bei der Platzauswahl ist auch daran zu denken, dass reife Böcke den Entstehungsort der verlockenden Töne häufig erst umschlagen und sich Wind holen. Als Blattstand genügt schon ein Baum in der dunkelsten Stelle der näheren Umgebung. Der blattende Jäger

01

stellt sich so hinter dem Stamm auf, dass Gesicht und Körper gedeckt sind, er das Gelände aber mühelos überblicken kann. Vorteilhaft ist, wenn am Baum angestrichen werden kann. Rings um den Stammfuß des Baumes wird das Reisig beseitigt, sodass ein geräuschloses Drehen nach allen Seiten möglich ist. Begrenzungen wie Kulturzäune im Umfeld des Blattstandes sind ebenfalls nützlich, da sie den Aktionsradius des Bockes beschränken. Vor allem wenn der Wind zum Kulturzaun weht, bekommt der Bock diese „Falle" nicht so schnell mit. Äste, die das Schuss- und Blickfeld und den Blattstand herum behindern, werden schon vor der Rehbrunft entfernt. Ideal für die Blattjagd sind Pirschwege, die von Blattstand zu Blattstand führen. Oft reichen aber gut belaufene Wildwechsel aus. Wichtig ist nur, dass der Stand unter gutem Wind lautlos eingenommen werden kann. Das erleichtern manchmal Geräuschkulissen in der Nähe, die das Wild gewohnt ist – z. B. Bahn- oder Straßenverkehr.

03

RICHTIG BLATTEN

Wind und Wetter spielen eine entscheidende Rolle beim Blatten. Ideal ist die Zeit nach langanhaltenden Regenperioden oder Gewitterregen. Warmes Hochdruckwetter mit schwachem Wind aus konstanter Richtung verspricht ebenfalls Erfolg. Herrscht jedoch Windstille, muss die Blattjagd unterbleiben, denn die Wittrung des Jägers verteilt sich gleichmäßig in alle Richtungen und der Bock bekommt ziemlich rasch Wild von ihm. Während einer Hitzeperiode mit weit über 20 °C ist der Morgen der günstigste Zeitraum zum Blatten. Herrscht während der Blattzeit kühles Regenwetter, spielt sich das Brunftgeschehen oftmals im Verborgenen ab. Hinsichtlich der Tageszeit sind auch die Bedingungen des Revieres entscheidend: In Revieren mit viel Publikumsverkehr eignen sich der frühe Morgen bis etwa acht Uhr oder der späte Abend. Bei der Abendjagd ist jedoch zu bedenken, dass die Lichtverhältnisse im Wald bereits eine Stunde vor Sonnenuntergang merklich schwinden. In ruhigeren Revieren können hingegen der Vormittag und der späte Nachmittag durchaus Weidmannsheil bringen. Den feinsten Fiepton hat das Kitz. Mit zunehmendem Alter des Stückes geht der Laut vom „I" mehr ins „Ü" über. Darauf springt die Ricke gern, da sie ein Kitz in Gefahr glaubt. Ist die Ricke brunftig, folgt ihr der Bock meist auf dem Fuß. Mit dem Kitzfiep kann man vor allem zu Beginn der Brunft zum Erfolg kommen.

01 Der optimale Blattjagdstand bietet dem Jäger Tarnung und ausreichend Überblick.

02 Viele Jäger behalten sich den Abschuss von mehrjährigen Platzböcken für die Blattzeit vor.

03 Mit ein wenig Übung lassen sich auf den handelsüblichen Blattern unterschiedliche Fieplaute erzeugen.

Mit dem Kitzfiep lässt sich die Ricke locken. Der Bock folgt in der Regel.

In der Brunft unterscheiden wir folgende Laute des weiblichen Rehwildes:

— Lockfiep
— Sprengfiep
— Angstgeschrei

Die Brunft geht in der Regel von der Ricke aus. Sie ist es, die durch Fieplaute den Bock lockt. Sprengfieplaute sind zweisilbig, stärker in die Länge gezogen und wesentlich lauter als Fieplaute. Den Sprengfiep stoßen oft hart getriebene Stücke aus. Beim Angstgeschrei ist ein länger anhaltender, dem Klagen ähnlicher schriller Ton zu hören. Dieser stark vibrierende Ton wird eigentlich nur erzeugt, wenn ein weibliches Stück von einem brunftigen Bock massiv bedrängt wird. Der markdurchdringende Laut zieht Böcke und mitunter auch Ricken magisch an.

ENTENJAGD VORBEREITEN

Enten dürfen von September bis Januar bejagt werden (landesgesetzliche Regelungen beachten). Für die reizvolle Jagd auf dem Entenstrich müssen wir rechtzeitig gerüstet sein. Schützenstände müssen nicht unbedingt direkt am Teich gebaut werden. Mitunter bringen sie weiter entfernt, an den sogenannten Einflugschneisen, den gleichen Jagderfolg. Zudem kann der Hund, der selbstverständlich unerlässlich ist, geflügelte Enten sofort nachsuchen, bevor sie ins Schilf oder in Fließgewässern nahe der Teiche flüchten. Haben sie diese einmal erreicht, sind sie für Hund und Jäger oft verloren. Warum also dem Hund die Wasserarbeit und uns selbst die Jagd unnötig erschweren? Praktische Erfahrung und genaues Beobachten vor dem Bau eines Entenschirmes sind von großer Bedeutung. Unsere Gewässer sind derart verschieden, dass jeder Revierinhaber selbst die Wahl der Standorte vor Ort treffen muss. Die Entenschirme stellt man sinnvollerweise so auf, dass der helle Westhimmel stets genutzt werden kann. Der Teich wird nur einseitig besetzt, um eine gegenseitige Gefährdung der Schützen grundsätzlich auszuschließen. Da wir Jäger eine Mitverantwortung bei der Landschaftsgestaltung haben – dies gilt ganz besonders für anmutige Feuchtgebiete unserer Reviere –, versuchen wir die Entenstände so unauffällig wie nur möglich zu platzieren.

Für die Entenjagd wird ein zuverlässig apportierender Hund benötigt.

TRANSPORTABLE ENTENSCHIRME

Transportable Entenschirme haben nicht nur den Vorteil, dass sie nach den Entenjagden wieder abgebaut werden können. Sie lassen sich außerdem auch für die Tauben-, die Stoppel-, die Drück- und die Blattjagd verwenden. Seiten und Front der Schirme werden mit Tarnnetzen verblendet. Ein Dach hat auf einem Entenschirm natürlich nichts verloren – schließlich muss der Jäger die anstreichenden Breitschnäbel frühzeitig sehen, sie ungehindert mit der Flinte erfassen sowie mitschwingen können. Jetzt geht es ans Locken und Binden: Besonders geeignete Kirrmittel für die Breitschnäbel sind Gerste, Weizen und Eicheln, aber auch Mais und Erbsen. Eine Kirrung sollte aber nicht dazu verführen, ununterbrochen „Dampf" auf Enten zu machen. Eine Bejagung alle zwei bis drei Wochen reicht völlig aus. Bei starkem Frost ruht die Jagd.

Im Herbst beginnt die Jagd auf Enten. In der Vorbereitung sollten bereits jetzt die Schirme aufgebaut werden.

SEPTEMBER

SCHALENWILD IM SINN

Die Jagdzeit auf weibliches Rehwild und Kitze beginnt. Viele Jäger halten sich jetzt noch bewusst mit der Bejagung zurück. Ihrer Auffassung nach lässt sich Rehwild im Dezember viel besser vermarkten und ohnehin „ist an den Kitzen noch nichts dran".

Im September startet in den meisten Bundesländern die Jagdzeit auf Ricken und Kitze.

Vor allem das letzte Argument will ich gleich relativieren: von September an legen die Kitze im Gewicht zwar noch zu – aber in der späteren Winterdecke wirken sie dennoch massiger, als sie eigentlich sind. Tatsächlich sind sie dann ein paar Hundert Gramm schwerer – der Rest ist flauschiger Winterpelz! In jedem Fall sollte vermieden werden, den Kitzabschuss auf Drückjagden vorzunehmen. Hier ist es kaum möglich, die jungen Stücke sauber anzusprechen. Und wir wollen schließlich auch bei den Kitzen überlegt selektieren, um den Grundstock für einen gesunden Bestand in späteren Jahren zu legen.

FRÜHZEITIG EINGREIFEN

Darum gilt: Je früher wir unseren Rehwildabschuss erfüllt haben, desto besser ist es für den Bestand. Der Jagddruck nimmt ab, das Wild kommt zur Ruhe und kann sich optimal auf den Winter vorbereiten. Entsprechend kommt es dann besser durch die kalte Jahreszeit, und das wird sich auch positiv auf den Verbiss auswirken. Deshalb sollte zur Jagd auf weibliches Rehwild schon der September genutzt werden. Bestenfalls ist dann der gesamte Abschuss so schon Ende Oktober, Anfang November erfüllt. Zuge-

Bei Kitzen sollte der Jäger bereits zeitig im September eingreifen.

Bis Ende Dezember sollte der Rehwildabschuss abgeschlossen sein.

Der Großteil des weiblichen Abschusses sollte bei Rickenkitzen erfolgen.

geben, diesen Idealfall bringt man kaum zustande. Dennoch macht es Sinn, dem Prinzip „verstärkte Bejagung im September und Anfang Oktober" zu folgen. Soweit nötig, anschließend etwas Ruhezeit und ein weiteres, kurzes Jagdintervall im Dezember – mit dem Ziel, den Abschuss bis spätestens Weihnachten erledigt zu haben. So hat das Wild in der kargen Zeit die Ruhe, die es braucht. Und man muss nicht auf den letzten Drücker den Abschüssen hinterherlaufen.
Ein weiterer Grund für einen frühen und intensiven Einstieg in die Kitzbejagung liegt in der Biologie des Rehwildes selbst: Wir wissen, dass in einer überhöhten Rehwildpopulation eine nahrungsabhängige Selbstregulation auch über das Geschlechterverhältnis wirksam wird. Bei schlechter Ernährungssituation des weiblichen Rehwildes sinkt die Ovulationsrate, bei guter steigt sie. Unter günstigeren Lebensbedingungen werden also nicht nur mehr Kitze gesetzt, sondern auch überwiegend weibliche Kitze. Umgekehrt geht unter schlechten Bedingungen die Zahl gesetzter Kitze zurück und verschiebt sich zugunsten männlicher Stücke.

SELEKTION

Letztlich ist daher der Abschuss des weiblichen Wildes entscheidend. Aber auch Höhe und Altersstruktur des weiblichen Rehwildbestands sind ursächlich für einen gesunden, starken Nachwuchs. Bereits bei der Bockjagd sollten auffallend alte Stücke sowie Ricken mit spät gesetzten Kitzen vorgemerkt werden. Ricken lassen sich sehr gut nach Kopf- und Körperform unterscheiden, zudem sind sie noch einstandstreuer als Böcke. Dies ist eine gute Vorarbeit für den späteren Wahlabschuss, der eben früh erfolgen muss: Während der Erntezeit ändert sich zumindest in der landwirtschaftlichen Feldflur vielfach auch die gesamte Einstandssituation und das Rehwild wechselt nach und nach in andere, in die Wintereinstände.
Aber nicht nur das erschwert die Jagd. Betrachten wir die gesamte Jahresaktivität der Wildart – Äsung und Bewegung –, so ist deutlich zu erkennen, dass Rehe im Vergleich im September und Oktober wesentlich häufiger auf den Läufen sind als in den Wintermonaten.
Für den Abschuss gelten folgende Richtwerte: circa 50 % der weiblichen Gesamtstrecke entfallen auf Rickenkitze, etwa 15 % auf Schmalrehe und rund 35 % auf Ricken. Der Schmalrehabschuss ist in der Regel zum Herbst erfüllt, da wir diese Altersklasse bereits ab Aufgang der Bockjagd bejagen können. Die Entnahme von Schmalrehen muss

aber begrenzt bleiben, um keine Überalterung des Bestandes zu verursachen. Zudem sollte es infolge des starken Eingriffs unter den Rickenkitzen im Vorjahr kaum noch schwache Schmalrehe geben. Bei der Erlegung einzelner Ricken ist eher Zurückhaltung angesagt. Der Begriff „Geltricke“ sollte keine Rolle spielen: In aller Regel haben diese vermeintlichen Geltricken einfach ihr Kitz verloren und setzen nach dieser Ruhepause im nächsten Jahr starke Kitze. Beim Ansprechen wird aufs Gewicht geachtet – bei einem einzelnen Stück aber ist das bekanntlich wirklich schwierig.

HIRSCHFIEBER

Ab September ist die Jagd auf alle jagdbaren Schalenwildarten offen. Die in der zweiten Monatshälfte beginnende Rotwildbrunft weckt in Jägerinnen und Jägern alljährlich eine Jahrhunderte alte, nach wie vor kaum erforschte Krankheit: das Hirschfieber. Es beschert Leiden und Glück gleichermaßen. Nach ihrem ausgesprochen ruhigen und trägen Verhalten in der Feistzeit werden die Hirsche allmählich unruhig. Sie geraten immer mehr in Brunftstimmung und werden von Wanderlust erfasst, gegenüber ihren Geschlechtsgenossen werden sie zunehmend unverträglich und angriffslustig. Nach dem Verlassen der Feistzeiteinstände suchen sie ihre Brunftgebiete auf, und zwar in der Regel alljährlich die gleichen.
Durch das rote Sommerhaar der Hirsche wächst nun dunkles, langes Mähnenhaar, in der Brunft ist die Brunftmähne voll ausgebildet. Deshalb wirkt es, als liege die Körpermasse beim Brunfthirsch auf den Vorderläufen, während der Feisthirsch die Hauptlast noch auf allen vier Läufen trägt. Schon an ihrem Erscheinungsbild während der Brunft kann man die Hirsche gut ansprechen. Mit Beginn des Brunftverhaltens der Hirsche ist noch kein weibliches Stück brunftig. Bei dieser Wildart wird die Brunft von den männlichen Stücken eingeleitet. Die Hirsche warten, bis das erste Tier in dem zusammengetriebenen Rudel brunftig wird. Dabei entsteht eine sehr starke Bindung an das Kahlwild, dem der Hirsch auch ständig in dessen Tageseinstand folgt.

BRUNFTHIRSCHE

Aus den unterschiedlichen Tönen und den Tonfolgen der Schreie kann man auf den jeweiligen Gemütszustand des Hirsches und daraus auf die Situation schließen, in der er sich gerade befindet. Das ist für uns

Nach der Rehwildbrunft im August beginnt im September nun die Brunft des Rotwildes.

Die Stimme des Hirsches gibt Auskunft über den Gemütszustand des Geweihten.

Jäger äußerst wichtig. Sucht ein Hirsch ein Tier, lässt er eine ziemlich eintönige Stimme hören, die nichts Herausforderndes oder Gereiztes an sich hat und eher schwermütig klingt. Als Antwort auf das Röhren eines anderen Hirsches ist der Ton kräftiger, besonders wenn der Hirsch durch Rivalen gereizt wird. Der bei einem brunftigen Stück stehende Hirsch schreit aus vollem Hals.
Die Jagdarten Ansitz und Pirsch, beide in Verbindung mit dem Hirschruf, werden am besten kombiniert – je nach Möglichkeit und Situation. Sehr häufig geht man vom Ansitz zur Pirsch über, insbesondere morgens. Und der Morgen ist die günstigste Zeit für die Jagd. Nur suchende junge Hirsche sind gegen Abend zeitig genug unterwegs. Der alte Hirsch zieht schon beim Hellwerden mit seinem Kahlwild zurück zum Einstand.
Dann gilt der Grundsatz: Nicht lange auf dem Ansitz kleben. Besser ist der Versuch, an den Geweihten heranzukommen, wenn der Standort des Rudels, das Gelände und der Wind es gestatten. Die Aufmerksamkeit muss dabei in erster Linie dem Kahlwild gelten, denn es behält auch während der Brunft seine Vorsicht bei. Ein nicht bemerktes, weil abseitsstehendes, aber wachsam sicherndes Stück kann schon alles verderben.

SALZLECKEN AUFSTELLEN

Mit dem Monat September beginnt der Haarwechsel unseres Wildes. Das vermehrte Auftreten an den Salzlecken zeigt, dass es nun einen erhöhten Mineralstoffbedarf hat. Die Salzlecken versorgen das Wild mit Natrium, das sowohl während der Zeit der Milchbildung im Frühjahr als auch während des nun anstehenden Haarwechsels gebraucht wird. Salz ist zwar kein Futtermittel, aber in kontinuierlich kleiner Menge für unser Wild unentbehrlich. Erwiesenermaßen stellt der Organismus des Pflanzenfressers bei indirekter Aufnahme von Salz die physiologisch richtige Konzentration ein, reguliert quasi selbst die nötige Menge. Deshalb darf unser Wild möglichst nie direkt Salz aufnehmen. Insbesondere starke Salzaufnahme erhöht den Wasserbedarf und steigert in den Wintermonaten, wenn es kein Saftfutter gibt, den Verbiss und die

Als Unterstützung für den bevorstehenden Haarwechsel werden die Salzlecken neu bestückt.

Damit die Sauen zuverlässig kommen, muss vor allem regelmäßig gekirrt werden.

Schälsucht. Natriummangel hingegen verzögert den Haarwechsel, senkt die Verwertung von Eiweiß und beeinträchtigt die Vermehrungsrate.
Bei einer gesunden Vegetation werden Spurenelemente und Mineralstoffe mit der Äsung aufgenommen. Nur wenn die Vegetation verarmt ist, sollten zusätzlich Mineralien angeboten werden. Oft geschieht dies in Form von Mineralsalzlecksteinen, obwohl Bruchsalz in den meisten Revieren sicher ausreichen würde. Ich halte die Stangensulze für die geeignetste Variante der Salzlecke. Hier gelangt das Wild nicht unmittelbar an Salz, sondern nimmt es über am Stamm ablaufendes Regenwasser in verdünnter Konzentration auf. Stangensulzen sind außerdem sehr hygienisch, weil das Wild nicht in Kontakt mit Losung kommt, wie das bei Salzlecken in Bodennähe vorkommen kann. Die Stangensulze hat in einem Hochwildrevier eine Höhe von fast 2,50 Meter, während im Niederwildrevier 1,50 Meter Höhe ausreicht. Der Durchmesser sollte bei 15 bis 20 Zentimetern liegen. Gelegentlich lässt sich auch einfach ein Baumstamm kappen und so zu einer Stangensulze umfunktionieren. Der Stamm muss dann sauber geschält werden, um das Aufnehmen des gelösten Salzes mit dem Lecker zu erleichtern. Raue Stämme meidet das Wild. Auf den Stamm kommen angeschrägte Hölzer, in die der Salzleckstein gut hineinpasst. Benutzt man dabei ganz normale Nägel, rosten die sehr schnell und müssen jährlich kontrolliert werden. Besonders praktisch ist, die Aufnahme für den Leckstein mit der Motorsäge auszustechen. Aber bitte Vorsicht walten lassen: Das Einstechen darf grundsätzlich nur mit einlaufender Kette erfolgen, sonst schlägt die Säge. Ohnehin muss behutsam, mit Gefühl gesägt werden. Der ausgeschnittene rechteckige Klotz lässt sich zum Schluss leicht herausnehmen.

So besser nicht: Das Salz sollte fürs Wild nicht direkt erreichbar sein.

RICHTIG KIRREN

Dem Wild gehen mit der Maisernte in der Agrarsteppe die letzten Sommereinstandsmöglichkeiten verloren. Doch das hat auch sein Gutes, denn die Sauen verlieren ihren Lieblingseinstand und stellen sich je nach Revierstruktur in Wald, Zwischenfrucht,

Schilf oder Moor ein. Eicheln und Bucheckern bieten in vielen Revieren weitere natürliche Mast.
Die Sauen sind zwar jetzt schon so feist, dass sie den Winter in den meisten Regionen problemlos überstehen können, aber dennoch unermüdlich auf der Suche nach Futter und guten Einständen. Das kann man sich mit gut angelegten Kirrungen zunutze machen. Etwas Grundsätzliches vorab: Es geht nicht um ein ohnehin verbotenes Füttern oder gar Mästen der Sauen. Sie sollen gelockt, beschäftigt und gebunden werden, um sie sauber bejagen zu können. Dazu ist es wichtig, nicht das ganze Revier mit Kirrungen zuzupflastern. Als Faustregel gilt: Je 100 bis 200 ha kann mit einer Kirrung geplant werden. Die Kirrplätze müssen strategisch verteilt werden und können durchaus um die 600 bis 1.000 m auseinanderliegen. Sehr gute Erfahrungen habe ich mit einem „Kirrdreieck" gemacht: Meine Kirrungen liegen in etwa in einem gleichseitigen Dreieck und sind mit Funkkameras ausgestattet. Wenn Sauen im Revier sind, nehmen sie die Kirrungen früher oder später an und ziehen von Kirrung zu Kirrung, kreisen sozusagen. Löst dann die erste Kamera aus, kann entspannt zu Hause losgefahren werden. Im Revier angekommen wird gespannt gewartet, welche Kirrung die Sauen als nächste annehmen.

Die Kirrung sollte rund 30 bis 50 Meter vom Hochsitz entfernt liegen.

Das Kirrgut muss so ausgebracht werden, dass andere Schalenwildarten nicht daran kommen können.

KIRRPLÄTZE FINDEN

Die Auswahl des Kirrplatzes muss sorgfältig durchdacht sein. Er sollte auf jeden Fall nahe der Einstände des Schwarzwildes liegen. Dort werden Kirrungen besser und schneller angenommen. Je regelmäßiger gekirrt wird, desto regelmäßiger erscheinen Sauen am oder besser auf dem Gabentisch. Im Idealfall ist eine Kirrung immer ausreichend beschickt. Kirren sollte immer dieselbe Person, die dabei nicht durch das halbe Revier laufen muss – wir wollen schließlich nicht unnötig Wild beunruhigen und hochmachen. Als Lockmittel an Kirrungen eignet sich neben Getreide immer noch Mais am besten, obwohl der Markt heutzutage eine Reihe vermeintlicher Delikatessen für Sauen anbietet. Da gibt es Schwarzwildpralinen, Boar Balls oder Wild Beast Attractant. Viele reichern ihren Mais mit Maggi an, andere fügen Eiweißadditive hinzu – alles zuletzt auch eine Frage des Geldbeutels. Eigentlich reichen ein paar Körner Mais aber schon aus. Wie Eicheln und Bucheckern enthält Mais allerdings viel Stärke und Kohlehydrate, sodass dessen

Durch das Kirren an mehreren Stellen verteilt sich die Rotte auf der gesamten Kirrfläche.

Aufnahme in größeren Mengen den Bedarf der Sauen an tierischem Eiweiß erhöht. Grünlandschäden können die Folge sein, weshalb man immer auch seine Wiesen und Felder im Blick haben muss. Sobald die Sauen die Kirrung annehmen, wird nichts mehr verändert, da die Schwarzkittel sonst misstrauisch werden und den Platz vielleicht sogar wieder meiden.
Das Kirrgut wird breit verteilt mit dem Spaten in den Boden gearbeitet. Breit verteilt, damit sich die Rotte auseinanderfächert. Das Einbuddeln hat gleich zwei Vorteile: Zum einen ist das Kirrgut nicht zu sehen und zum anderen sind die Sauen länger am Platz gebunden. Hinzukommt noch etwas: Das Schwarzwild hat sichtbar mehr Spaß – und das Zuschauen allein macht Freude. Unter Gehwegplatten ist das Kirrgut auch gut versteckt und beschäftigt das Schwarzwild länger. Optimal für eine Bejagung ist die Streifenkirrung, sie favorisierte der Schwarzwildexperte Norbert Happ. Dazu werden Furchen quer zum Hochsitz ins Erdreich gezogen, mit Mais befüllt und mit Steinen oder beschwerten Brettern bedeckt. So stehen die Sauen bei der Aufnahme des Maises meist hintereinander, verdecken sich also nicht gegenseitig, und vor allem auch breit zum Jäger.

KIRRUNGEN ATTRAKTIVER MACHEN

Buchenholzteer gehört an jede Kirrung und wird sehr schnell angenommen. Der intensive Geruch zieht Sauen geradezu magisch an. Auf astfreien Bäumen bis zu einer Höhe von 1,30 Metern gestrichen, geben die von den Sauen dort hinterlassenen Pirschzeichen sogar Aufschluss über ihre Größe. Keiler markieren Malbäume gerade während der Rauschzeit außerdem gern mit ihren Gewehren. Aber auch Bachen suchen Malbäume kurz vor der Rauschzeit besonders gern auf. So entsteht aus den Zeichen an den Malbäumen und dem Fährtenbild an der Kirrung ein Bild über die Größe des zu erwartenden Schwarzwildes. Aber nicht vergessen: Ein mit Buchenholzteer bestrichener Baum ist langfristig zum Tode verurteilt, denn die Sauen schubbern sich mit der Zeit rund um den Baum durch alle Rindenschichten, von der Borke, durch den Bast bis durch die Kambiumschicht – bis zum Splintholz, das für die Wasserversorgung zuständig ist. Ist diese auf breiter Fläche gekappt, stirbt der Baum. Das dauert zwar ein bisschen – aber es wird passieren.Deshalb sollte ein Baum zum Malbaum erkoren werden, der ohnehin keine Bedeutung aus forstlicher Sicht hat.

Mondstand, Windrichtungen und Ansitzmöglichkeiten sind bei der Auswahl des Kirrplatzes zu bedenken. Küselt der Wind dort? Auf welchen Wechseln werden die Sauen vermutlich kommen? In Ansitzen an zu kleinen Flächen, gerade in Verbindung mit relativ kurzer Entfernung zur Kirrung, gibt es immer wieder Überraschungen. Allein schon deshalb dürfen die Ansitzeinrichtungen nicht zu dicht an der Kirrung stehen und sollten lieber etwas höher ausfallen. Erfahrene Leitbachen wechseln gern gegen den Wind an. Sie umschlagen den Kirrplatz sogar, um zu prüfen, ob dort Gefahren drohen. Oft ist nur ein leises Blasen zu hören und völlig lautlos verschwindet die Rotte wieder. Jagt man nicht gerade mit modernster Technik, spielen bei der Auswahl eines Kirrplatzes auch die Lichtverhältnisse eine große Rolle. Licht braucht es zum Ansprechen. Freiflächen sind besser als Schneisen. Auf zu großen und hell ausgeleuchteten Freiflächen allerdings meiden Sauen Kirrungen oft. Wichtig ist, den Ansitz grundsätzlich rechtzeitig einzunehmen. Lieber zwei Stunden zu früh, als gemeinsam mit der Rotte „anzuwechseln". Hastige Bewegungen müssen unterbleiben: Wenngleich Schwarzwild nicht gut sieht, registriert es jedoch jede schnelle Bewegung und reagiert darauf. Selbstverständlich ist man auf dem Sitz absolut leise. Auch in den Anschlag darf nicht zu hastig gegangen werden. Sauen können völlig unbemerkt anwechseln und wieder verschwinden, ohne dass der Jäger das Geringste hört. Einschlafen und entspannen ist keine Schande – die Sauen verraten sich meist selbst und wecken den Jäger auf: Sie streiten sich, schmatzen und grun-

Der Duft von Buchenholzteer zieht Sauen teils magisch an.

Malbäume werden von den Sauen teils so heftig bearbeitet, dass sie absterben.

zen. Jetzt heißt es Ruhe bewahren und sauber ansprechen! Niemals darf übereilt geschossen werden, sobald Sauen auf der Bühne erscheinen.

FRISCHLINGSBEJAGUNG

Bei der Frischlingsbejagung müssen wir jetzt aktiv werden, um die richtige Streckengliederung zu erreichen.

Die Strecke sollte sich wie folgt zusammenstellen:

- 70–80 % Frischlinge
- 10–20 % Überläufer und jeweils
- 5 % Bachen und Keiler.

ÜBERLÄUFERBEJAGUNG

Bei der Überläuferbejagung muss es vor allem darum gehen, weibliche, nicht führende Stücke zu erlegen. Damit werden die künftigen Reproduktionsträger der Wildbahn entnommen. Hinzukommt, dass wir den Überläuferkeilern die Chance geben, älter als zwei Jahre – und vielleicht sogar reif zu werden. Eine korrekte Schwarzwild-

Schwerpunkt bei der Sauenbejagung sollte auf der Altersklasse der Frischlinge liegen.

Nach dem Schuss sollte der Jäger auf dem Sitz Ruhe bewahren. Das Wild soll den Schuss und Tod eines Rottenmiglieds nicht kombinieren.

Streckenstatistik ist einfach notwendig. Nur darüber lässt sich ein Bild von der tatsächlich vorhandenen Alters- und Geschlechterstruktur gewinnen. Wer notiert, was abgeschöpft wird, kann den Frühjahrsbestand an weiblichen, reproduktiven Sauen vergleichsweise gut abschätzen.

NACH DEM SCHUSS

Hat man ein Stück Schwarzwild erlegt, springt man nicht gleich enthusiastisch vom Sitz herunter, sondern wartet ab. Zum einen muss vermieden werden, dass die Sauen eine Verbindung zwischen Kirrung, Knall, dem Verlust eines Rottenmitglieds und dem Menschen herstellen. Zum anderen anderen bietet sich oft die Chance auf weitere Beute: Nach dem Schuss sind die Schwarzkittel desorientiert und flüchten in der Regel in alle Richtungen. Selbst wenn zunächst keine Sauen mehr zu sehen sind, besteht deswegen die Möglichkeit, noch einen weiteren Frischling zu bekommen. Mitunter wollen sie zurück zum Mais, suchen auf der eigenen Fährte die Rotte. Deshalb heißt es vorerst sitzen bleiben, und das durchaus noch eine halbe Stunde.Eines versteht sich von selbst: Auf und an der Kirrung wird nicht aufgebrochen. Der Vergrämungseffekt kann enorm sein.

OKTOBER

ALLE ZEICHEN AUF JAGD

Nach all der Hege, all der Arbeit winken jagdliche Freuden: Im Oktober geht die Jagd auf Hase, Ente und Fasan auf.

Auf Rebhühner darf zwar schon im August und September gejagt werden, aber deren Besätze lassen wohl in den meisten Revieren kaum eine Bejagung zu. Falls sie es mancherorts doch tun, ist ein Jagen mit ein, zwei Schützen und einem guten Vorstehhund sinnvoller als ein großes Treiben. Bleiben wir also bei Hase, Ente und Fasan. Erlauben die Besätze dieser Wildarten ihre Bejagung, findet diese Jagd am besten so früh wie in der Jagdzeit möglich statt, denn schon im feuchtnassen November nimmt die natürliche Sterblichkeit unweigerlich zu, zumindest bei Hase und Fasan. Die Natur ist hier vermeintlich unbarmherzig, aber nicht „ohne Plan“: Es sterben vor allem die schwach konditionierten Individuen, die kräftigen aber überleben, pflanzen sich im Folgejahr fort und sorgen so für einen vitalen Besatz. Jagt man zu spät im Jahr und dazu gar noch intensiv, greift man in eben diesen überlebensfähigen, weil gut konditionierten Besatzanteil ein. Das schadet dem Reproduktionserfolg im Folgejahr und den Bemühungen um eine eigentlich geplante Besatzerhöhung. Auch bei einer frühen Jagd ab Mitte Oktober sollte die Strecke immer im Auge behalten werden. Entnommen werden darf nur in Maßen und maximal der Zuwachs des Jahres (Herbstbestand minus Frühjahrsbestand); zudem sollte Jungwild nicht über Gebühr erlegt werden. Die Treiben müssen entsprechend gesteuert, Treiben ggf. abgebrochen oder die ganze Jagd selbst verkürzt werden.

Eine Bejagung des Rebhuhns ist aufgrund der geringen Besätze in den meisten Revieren unmöglich.

01

02

DAMWILDBRUNFT

Die Damhirsche haben die Sommereinstände verlassen und bereiten sich auf die Brunft vor. Das ist nun anhand vieler Zeichen festzustellen: Herunterhängende Zweige sind gefegt, die ersten mit den Vorderläufen geschlagenen Brunftkuhlen tauchen auf. Dann geht es richtig los – der Höhepunkt der Brunft liegt in den meisten Damwildrevieren im letzten Oktoberdrittel. Die Partnerwahl wird von den Damtieren bestimmt. Sie wählen den ihnen genehmen Schaufler aus und ziehen konsequent in seine Brunftkuhle. Die Platzhirsche selbst respektieren gegenseitig ihre Territorien. An solch einem Damwildbrunftplatz herrscht ein ständiges Kommen und Gehen. Kahlwild, Spießer, Knieper und junge Schaufler wechseln permanent hin und her, suchende und mittelalte Schaufler tragen regelmäßig Rangkämpfe aus. Jägerinnen und Jäger können sich nun im Ansprechen des Damwilds üben. Das Wild ist jetzt auffallend tagaktiv und bietet damit die Möglichkeit, es bei gutem Licht einmal in Ruhe zu beobachten und so spätere Fehler zu vermeiden.

KNACKPUNKT: SPIESSER

Spießer lassen sich sicherlich am leichtesten ansprechen. Infolge der noch stark ausgeprägten Bindung an das Muttertier stehen sie gern noch im Familienverband. Sie sind an ihren Spießen, die oft eine ausgeprägte, keulenartige Verdickung oberhalb der Rosenstöcke zeigen, zweifelsfrei zu erkennen. Doch kommt es gerade in dieser männlichen Jugendklasse regelmäßig zu Fehlabschüssen: Gerade beim Damwild sind auch Knopfspießer oder Spießer mit kurzen Spießen zu schonen. Der normal veranlagte Damhirsch vom 2. Kopf mit Augsprossen, Mittelsprosse und geringen Schaufeln, auch „Knieper“ genannt, ist mit seiner geringen Stangenlänge von um die 50 cm gut anzusprechen. Gut veranlagte Knieper zeigen beidseitig eine schaufelartige Verbreiterung von mindestens sechs Zentimetern. Reine Stangentypen sind als Abschusshirsche stets richtig. Sie tragen kurze und dünne Stangen, ihr Geweih ohne Schaufelansatz ähnelt entfernt an den Kopfschmuck eines Rothirschs.
Bei den Hirschen vom 3. bis 7. Kopf ist das Ansprechen wesentlich schwieriger. Diese Hirsche nehmen bereits aktiv an der Brunft teil, außerhalb der Brunft stehen sie ganzjährig in Hirschrudeln zusammen. Besonders nach der Brunft lassen sich Hirsche grundsätzlich schwer bestimmen, da sie infolge des Kräfteverlusts alle stark abgekommen sind und kantig wirken. Auch in der

03

Mittelklasse taucht dann der Senkrücken auf. Der jagdliche Aderlass in der Mittelklasse ist regelmäßig hoch, zudem wird in aller Regel ja bereits stark in die Jugendklasse eingegriffen. Nachzudenken ist daher über eine Vollschonung der 3. bis 7. Kopf, damit wenigstens einige Geweihte die Altersklassen erreichen.

ERNTESCHAUFLER

Haben Damhirsche das Hegeziel erreicht, lässt sich ein jagdbarer Schaufler nicht allein am Geweih ansprechen. Dennoch kann es Indizien für die Altersschätzung liefern. Bei reifen Schauflern verlagert sich die Masse des Geweihs in die obere Schaufelhälfte, sodass die Schaufel nach vorn zu wachsen scheint – der Kopfschmuck wirkt kopflastig. Die Auslage wird größer und tritt deutlich in Erscheinung. Die obere Schaufelhälfte wächst oft stark nach innen und zeigt eine ausgeprägt breite Fläche. Ein kurzes, bulliges, frontal annähernd dreieckiges Haupt ist ebenfalls ein gutes Alterszeichen. Die Stangen sitzen dicht auf dem Schädel, der Drosselkopf liegt tief am Träger.
Überreife Hirsche zeigen nicht selten ungleich lange Augsprossen und setzen oft schlagartig zurück. Ihr trockener Gesichtsausdruck mit scharf geschnittenen Gesichtszügen ist sehr markant.

01 So langsam nähert sich auch die Brunftzeit des Damwildes.

02 Die Selektion bei Damspießern sollte nicht nur anhand der Spießlänge, sondern auch unter Brücksichtigung der Basisverdickungen erfolgen.

03 Breite Schaufeln, ein stumpfes Haupt sowie der dicke Träger sprechen für einen Hirsch im Zielalter.

04 Überalterte Hirsche kommen immer mal wieder vor.

04

Bei hoher Schneelage sollten Fasane auch in reich strukturierten Revieren mit guten Lebensraumverhältnissen gefüttert werden.

FASANENFÜTTERUNG

Ob Fasane über den Winter gefüttert werden müssen, hängt von den jeweiligen Revierverhältnissen und Witterungsbedingungen ab. Stehen diesen Hühnervögeln Zwischenfrüchte, Maisstoppeln, Wildschutzflächen sowie zahlreiche mosaikartig verteilte kleine Wildäcker zur Verfügung, ist eine Zufütterung unnötig und nur bei hoher Schneelage erforderlich. Viele vorwiegend durch landwirtschaftliche Flächen geprägte Reviere bieten heutzutage jedoch kaum noch ausreichend natürliche Äsung. Ein zusätzliches Nahrungsangebot durch Schütten oder Futtereimer ist daher sinnvoll. Anderenfalls wandern die Fasane ab oder sie konzentrieren sich dort, wo sie ausreichend Nahrung finden. An diesen Orten schauen dann schnell auch Habicht und Fuchs regelmäßig vorbei ... Standort, Ausrichtung und Umfeld von Fasanenschütten müssen sehr genau durchdacht werden, sollen die zur Hege gedachten Einrichtungen nicht zum Präsentierteller für den Habicht und zur tödlichen Falle für die Fasane werden. Auch der Sperber jagt an Fasanenschütten erfolgreich Singvögel.

Sehr gut haben sich für Fasanenfütterungen Futtereimer oder Futtertonnen mit Weizen und Mais bewährt. Hier stellen sich weder Wanderratten noch unerwünschte Insekten oder Krankheitserreger ein. Der Standort muss natürlich passen. Gut geeignet sind zum Beispiel Schilfränder oder nicht über buschhohe Deckungsbereiche. Das Sicherheitsbedürfnis der Vögel verlangt einen nach allen Seiten freien Blick. Sind solche Plätze für Fütterungen gewählt, findet der Fasan sie recht schnell. Die Futterplätze nutzen wir dann auch zur Zählung der Fasanen und erlangen dadurch vielleicht genaueren Einblick in das herrschende Geschlechterverhältnis. Das ist für die Bejagung sehr wichtig. In einem guten Fasanenbesatz reicht durchaus ein Geschlechterverhältnis von einem Hahn auf sechs Hennen, in schlechten Besätzen sollte es bei 1 : 3 liegen.

Fasanenfuttereimer können beispielsweise mit Mais oder Weizen beschickt werden.

Dass im Herbst weniger Hasen als im Sommer im Revier zu finden sind, ist völlig normal.

Die natürliche Mortalität bei Feldhasen durch Prädation und Krankheiten ist hoch.

WO SIND PLÖTZLICH DIE HASEN?

Noch im Sommer sind wir euphorisch bezüglich der Ernteaussichten beim Niederwild, und dann zerschlagen sich jäh Hoffnungen, wenn die Zeit der Treibjagden gekommen ist. Vor Kurzem noch in ansehnlichen Zahlen zu beobachten, sind die Langohren urplötzlich kaum noch zu sehen. Ob per Scheinwerfertaxation oder per Zählung mit dem Wärmebildgerät – die Ergebnisse sind ernüchternd: Es sind kaum noch Hasen da. Tatsächlich ist das aber eine ganz normale Sache. Die Fortpflanzungskraft vieler unserer Niederwildarten ist enorm. Sie werden bereits im ersten Jahr geschlechtsreif und reproduzieren zum Teil schon. Ab dem zweiten Jahr ist ihre Nachkommenschaft dann groß: Fasan wie Rebhuhn legen weit über zehn Eier, Kaninchen setzen pro Wurf allein vier bis sieben Junge und bei der Häsin gehen wir von acht bis zehn Junghasen jährlich aus. Rein theoretisch sollten uns also keine Sorgen um das Niederwild plagen. Aber es ist nun einmal so, dass der Tod laufend in den Besatz eingreift.

Im Schnitt wird die Hälfte des Nachwuchses aller Wildarten nicht mal ein Jahr alt! Dabei zeigen vor allem die Arten mit der größten Fortpflanzungsrate auch die höchste natürliche Sterblichkeitsrate. Die hohe Reproduktionsrate ermöglicht dennoch das Überleben jeder Art. Das Niederwild muss sich allerdings stets neuen Umweltbedingungen anpassen – das gilt heute besonders bei den ständigen, tiefgreifenden Veränderungen seiner Lebensräume durch den Menschen. Jeder Jäger muss diese grundlegenden ökologischen Zusammenhänge kennen. Gerade auf dieser Grundlage lässt sich die Öffentlichkeit von Legitimität, Nützlichkeit und Notwendigkeit der Jagd überzeugen.

JAGD AUF MÜMMELMÄNNER

Jeder Jäger kennt sein Revier und weiß, inwieweit der Hase bejagbar ist. Bei einem Besatz von mehr als zehn Hasen pro 100 Hektar ist das möglich. Jagdarten müssen längst nicht immer große Vorsteh- oder Kesseltreiben sein. Eine kleine Stöckerjagd mit guten Freunden reicht oft völlig aus! Diese kleinen Jagden mit erfahrenen Jägern und guten Hunden im bunten Herbst können durchaus Höhepunkte des Jagdjahres sein. Sie müssen aber genauso gut durchgeplant sein wie groß angelegte Gesellschaftsjagden. Dabei lässt sich eine kleine Jagd zum einen viel

Mit einer kleinen Gruppe kann der Jagdleiter wesentlich flexibler reagieren als bei großen Gesellschaftsjagden.

flexibler handhaben als eine große Jagd, und sie kann zum anderen ohne die Hektik ablaufen, die wir bei jagdlichen „Großereignissen“ heute leider oft beobachten müssen.
Der endgültige Plan muss in der Regel erst am Morgen des Jagdtages feststehen.
Bei klarem Wetter laufen die Hasen besser als bei trübem. Also werden bei so einem Wetter Flügel und Front stärker abgestellt und es kann zügig getrieben werden.
Herrscht trübes Wetter, ist die beste Lösung die Streife, bei der die Schützen mit durchgehen. Diese Schützen sind oft die besten Treiber, denn sie sind passioniert, laufen langsam bei ständiger Quersuche und wissen, wann und wo sie sich ausrichten müssen. Die Verständigung innerhalb der Streife muss durch Zeichen und leise Zurufe geschehen, denn Lärm veranlasst den Hasen, sich zu drücken. Bedächtiges, nicht zu lautes Treiben und das Klopfen an Bäume machen ihn nervös. Ohne Wenn und Aber – beachtet werden muss bei allen Jagdformen die Unfallverhütungsvorschrift Jagd (VSG 4.4). Zur Erinnerung seien hier deren wichtigste Punkte genannt: Warnwesten sind für Schützen, Treiber und Hunde Pflicht. Flinten müssen während der Bewegung gebrochen sein! Beim Schuss ist streng auf Kugelfang beim Hasen bzw. auf „freien Himmel“ beim Schuss auf Flugwild zu achten!
Solch ein Jagdtag verlangt strengste Beachtung der Sicherheitsvorgaben und erfordert äußerste Disziplin. Bejagt werden die herbstlichen Hasenlagen. Das sind die warmen, trockenen Dickungen mit sonnendurchfluteten Lichtungen, vergraste Althölzer in Südlage oder feldnahe Waldparzellen mit Himbeer- und Brombeerbewuchs sowie Wintergetreideschläge. Der Hund, der mit Bedacht unter der Flinte jagt, nicht überjagt und darüber hinaus noch rehwildrein ist, darf im Treiben geschnallt werden. Ein unerfahrener Hund allerdings würde das Wild

Doch egal wie klein die Jagd auch ist, auf Sicherheit ist bei der Ausrichtung stets zu achten.

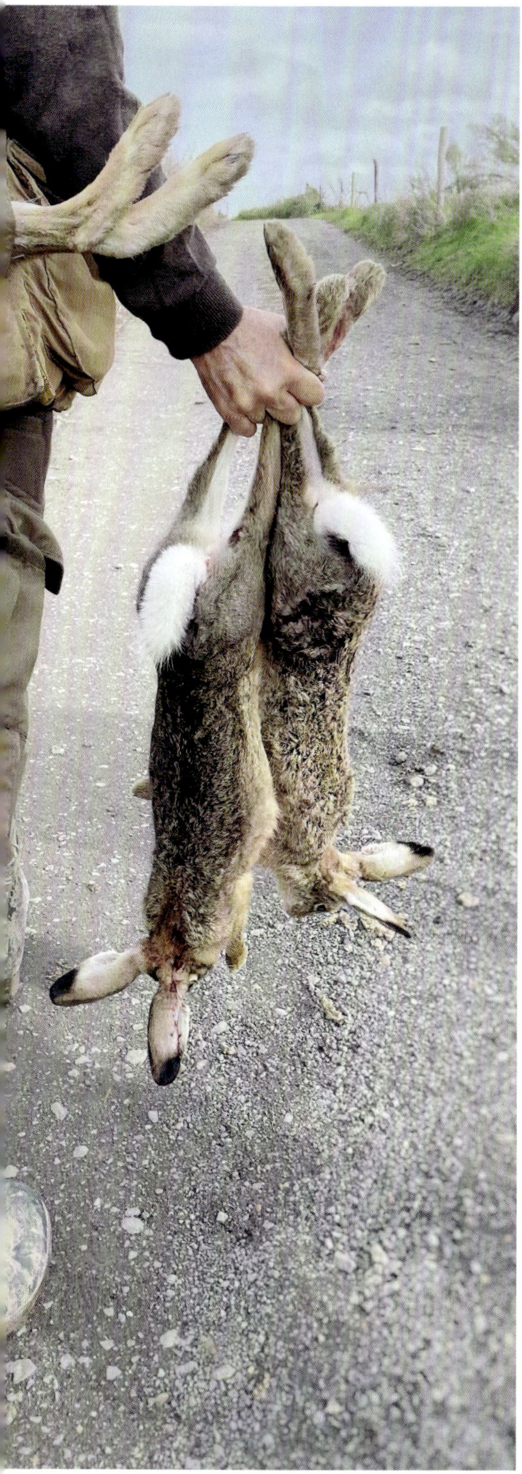

Ist der Hasenbesatz im Revier hoch genug, spricht nichts gegen eine Niederwildjagd.

In Niederwildrevieren ist die Gesellschaftsjagd auf Fasan, Hase, Kanin und Co. der Höhepunkt im Jagdjahr.

nur weit vor den Jägern herausstoßen. Er bleibt daher für eventuelle Nachsuchen (freie Suche) angeleint. Fehlt der Junghasennachwuchs oder liegt der Junghasenanteil der Strecke unter 50 Prozent, ist dem Jagdherrn bzw. -leiter dringend anzuraten, den Jagdtag zu verkürzen.

TREIBJAGDEN

Die herbstliche Treibjagd war in jedem Dorf schon immer der jagdliche Höhepunkt des Jagdjahres. Mit Vorfreude wird der Tag erwartet, an dem man wieder mit Gleichgesinnten jagt und gemeinsam den Abend genießt. Aber noch einmal: Bevor wir eine Treibjagd planen und ausrichten, müssen wir uns vergewissern, dass der Niederwildbesatz überhaupt seine Bejagung erlaubt. Wenngleich es für das Niederwild keine behördlichen Vorgaben oder Richtlinien gibt, müssen wir natürlich die biologischen Ansprüche und die spezielle Situation im jeweiligen Revier berücksichtigen. Schließlich ist es die Pflicht des Jägers, sich den Belangen des Wildes anzupassen. Inwieweit die Populationsdynamik des Hasen vom Wetter abhängt, bleibt umstritten. Fest steht, dass bei einem hohen Hasenbesatz die

Ob eine Hasenjagd organisiert wird, richtet sich nach dem Ergebnis der Niederwildzählung.

Sollte der Hasenbesatz eine Gesellschaftsjagd nicht hergeben, kann auch gemeinschaftlich auf Raubwild gejagt werden.

populationsdynamischen Schwankungen deutlicher sind. Positiv wirkt sich ein zeitiges Frühjahr aus, weil dann Ernährungsengpässe schnell überwunden werden. Übers ganze Jahr gesehen haben niedrige Temperaturen, feuchte Witterung und Sonnenscheinmangel generell einen negativen Einfluss auf den Hasen- und Federwildnachwuchs. Feuchtwarme Witterung fördert ebenfalls ein höheres Hasensterben, denn sie begünstigt stets Krankheiten und Parasiten. Anhaltende Hitze und Trockenheit können sich ebenfalls negativ auswirken, wenn solche Extremwetterlagen Äsungsmangel der Althasen nach sich zieht.

TREIBJAGD MÖGLICH?

Eine planmäßig, schonende Bejagung trägt zum Fortbestand eines dem Biotop angepassten Besatzes bei. Daher sollte jeder Revierinhaber schon vor Beginn der Jagdsaison ein ungefähres Bild über die Höhe seines Hasenbesatzes haben. Ein grobes Bild, ob und wie viel erlegt werden kann, bekommt man über das schon mehrfach beschriebene Auszählen des Frühjahrs- und Herbstbestandes: Herbstbestand minus Frühjahrsbestand ergibt den Zuwachs, der abgeschöpft werden kann, ohne den Grundbestand zu schmälern, solange wir gut über zehn Hasen je 100 ha haben. Ein ungefähres Bild hat jeder Jäger schon durch fortlaufende Beobachtungen während des Jahres gewonnen. Dennoch sollte im Herbst mithilfe der Scheinwerferzählung, besser noch mit dem Wärmebildgerät, der tatsächlich vorhandene Besatz erneut kontrolliert werden. Selbst üblicherweise von Hasen gemiedene Flächen müssen dabei abgeleuchtet werden, um zum Schluss auf ein möglichst genaues Bild zu kommen. Hierbei ist gut zu erkennen, in welchem Revierteil das Gros der Langohren sitzt und wo generell auf eine Bejagung verzichtet werden muss. Bei Nebel und Regen unterbleibt eine Zählung per Wärmebildgerät, da diese Instrumente unter solchen Be-

dingungen keine verlässlichen Beobachtungen liefern.
Ist zu erkennen, dass der Besatz stark zurückgegangen ist, verzichten wir auf Treibjagd in diesem Jahr und nutzen die Zeit besser für eine gemeinschaftliche Fuchsjagd.
Ein normaler Jagdtag sollte schon eine Hasenstrecke bringen, die über der Anzahl der eingeladenen Schützen liegt. Ansonsten laufen wir Gefahr, zur Zielscheibe der Medien zu werden. Und selbst wenn die Treibjagd einmal ausfällt, muss ja auf die Hasenjagd nicht gänzlich verzichtet werden. Beim Abend- oder Morgenansitz an der Feld-Wald-Kante, der sogenannten Hasenkur, kann durchaus der eine oder andere Küchenhase erlegt werden.

VERHALTEN AUF EINER JAGD

Es gibt so etwas wie einen jagdlichen Knigge, wenn auch er nirgends niedergeschrieben ist. Wer einmal eingeladen wurde, ist in der Regel auch für das nächste Jahr auf der Gästeliste. Es sei denn, er fällt unangenehm auf. Persönliche Einladungen sind nicht zuletzt Ausdruck von Sympathie und Vertrauen. Mit einer Bezahljagd ist das nicht zu vergleichen, auch wenn sich so mancher Jäger so eine Jagd einmal gönnt bzw. auf sie angewiesen ist. Flattert eine Einladung ins Haus, ist es höflich, umgehend zu antworten – egal, ob man teilnimmt oder nicht. Wer absagt, läuft allerdings Gefahr, im nächsten Jahr nicht mehr dabei zu sein. Pünktlichkeit ist Ehrensache, ansonsten ist kein reibungsloser Ablauf der Jagd möglich.
Der Jagdschein wird ohne Aufforderung vorgezeigt und wir sind entsprechend der Jagdart gekleidet. Wer einen guten (!) Hund und das Horn dabei hat, hat oft schon die Einladung für die nächste Jagd sicher. Die Waffe wird geöffnet getragen, der Lauf zeigt nach oben. Hutband und Signalweste sind obligatorisch. Für die Einladung bedanken wir uns noch einmal persönlich, alle Anwesenden begrüßen wir mit Handschlag und "Waidmannsheil". Das Handy bleibt aus und sobald Jagdherr und -leitung auf den Ablauf eingehen, enden die Gespräche.
Alle Jagdutensilien sind fertig gepackt und sofort griffbereit, wenn es mit dem Ansteller zum zugewiesenen Platz geht. Dem Fahrer und/oder Absteller wird höflich gedankt.
Selbstverständlich ist, Sicherheitsregeln und Waidgerechtigkeit zu beachten. Geschossen wird nur, wenn sich der Schütze absolut sicher ist. Ein krankes Stück zu melden, ist unangenehm, kommt aber trotz aller Vorsicht vor. Wer ein falsches Stück schießt,

Der Jagdschein wird ohne Aufforderung am morgendlichen Sammelplatz vorgezeigt.

Jagdhornbläser sind mittlerweile rar gesäht. Sie werden deshalb gern zu Gesellschaftsjagden eingeladen.

muss mit den Konsequenzen leben und kann davon ausgehen, dass er nicht wieder eingeladen wird. Immer erst den Schützen schießen lassen, der dem Wild am nächsten ist. Der Fasan wird nicht zu dicht beschossen, sodass er in einer Federwolke aufgeht und auf flüchtiges Reh- und Damwild sollte auch nicht geschossen werden – die Gefahr, es krank zu schießen, ist zu hoch und zudem sicher nicht waidgerecht. Auch ohne Ansage bleibt nach zwei ungeklärten Schüssen der Finger gerade und die Jagd selbstständig eingestellt. Nach „Hahn in Ruh" fällt kein Schuss mehr, abgesehen von unerlässlichen Fangschüssen. Alles wird dem Ansteller gemeldet, nichts verheimlicht. Jeder ist für die von ihm erlegten Stücke zuständig, bis sie in der Kühlung hängen. Überall, wo Hilfe nötigt ist, wird ungefragt Hilfe angeboten und mit angepackt. Bei der roten Arbeit zeigt der Jäger, dass er sein Handwerk versteht. Die Teilnahme am Schüsseltreiben muss eine Selbstverständlichkeit sein. Schließlich verabschiedet und bedankt man sich beim Jagdherrn und gegebenenfalls bei der Jagdleitung.

Einer Einladung fürs nächste Jahr steht somit nichts mehr im Wege. Wer nicht bereit ist, konzentriert und hochmotiviert einer Jagdeinladung zu folgen, sollte die Teilnahme überdenken. Und auch derjenige, der nach der Jagd als „Schneider" am Streckenplatz steht, sollte zufrieden und glücklich auf Jagdherrn und -gesellschaft wirken. Für den Gastgeber ist nichts schlimmer als quengelnde Gäste.

INVASIVE FRESSFEINDE

Immer neue Prädatoren sind in unsere Reviere eingewandert. Marderhunde und Waschbären haben sich – trotz teils intensiver Bejagung – in vergleichsweise kurzer Zeit verbreitet. Insbesondere die steigenden Enokzahlen werden uns in den nächsten Jahren sicher weiter beschäftigen. Untersuchungen zu Reproduktion, Aktionsraumgrößen, Habitatnutzung, Tagesverstecken, Abwanderung sowie Sozial- und Territorialverhalten der Art lieferten bereits interessante Ergebnisse.

Der Marderhund ist neben dem Waschbär in Deutschland auf dem Vormarsch.

MARDERHUND

Die Wissenschaftler des Wildtierinformationssystems der Länder Deutschlands (WILD) gehen davon aus, dass sich der Marderhund weiter rasant ausbreiten wird. Das nordostdeutsche Tiefland ist bereits seit einigen Jahren in fester Hand des Neozoons aus China: In Mecklenburg-Vorpommern kam der Enok bereits 2009 in 93 Prozent aller Reviere vor, in Brandenburg waren es damals 84 Prozent. Heute ist er flächendeckend in den ostdeutschen Bundesländern sowie in Niedersachsen und Schleswig-Holstein vertreten, nach Süden in Richtung Hessen und Bayern breitet er sich weiter aus. Mageninhaltsanalysen zeigen, dass der Marderhund ein ausgesprochener Allesfresser ist. Obwohl der pflanzliche Anteil der Nahrung überwiegt, werden regelmäßig auch tierische Reste in allen Mägen vorgefunden. Der tierische Anteil besteht aus Mäusen, Amphibien, Bodenbrütern und Schwimmenten. Neben der Fangjagd eignet sich auch die Jagd am Luder gut für Marderhunde. Ausgelegter Mais übt eine magische Anziehungskraft auf sie aus – die Neozoen finden sich regelmäßig an Kirrungen ein. Ansonsten sind Begegnungen im Revier sehr selten. Der Marderhund ist äußerst vorsichtig, und die Farbe seines Balges tarnt ihn perfekt. Bei unmittelbaren Begegnungen mit Menschen oder von Hunden aufgestöbert stellt sich der Neubürger aus Fernost gern tot.

Waschbären lassen sich mit Fallen effektiv bejagen.

Der Waschbär richtet nicht nur beim Niederwild, sondern auch in Amphibienpopulationen teils großen Schaden an.

WASCHBÄR

Der Waschbär, dessen Zahlen ebenfalls bedrohlich für unser Niederwild ansteigen, kommt ursprünglich aus Nordamerika. Er breitet sich von Nord nach Süd immer weiter aus und ist längst auch schon in Baden-Württemberg und Bayern angekommen. Da der als Allesfresser bekannte Waschbär nachtaktiv ist, werden wir kaum Herr der Lage. Die bevorzugte Nahrung des Kleinbären besteht aus Vögeln, Mais und Abfällen, auf seinen nächtlichen Beutezügen legt er nur selten mehr als zwei Kilometer zurück. Habitate wie Flussauen, See- und Bachufer, ausgedehnte Feuchtgebiete sowie sehr abwechslungsreiche, strukturierte Wälder sagen dem Waschbär ganz besonders zu. Tagsüber ruht er meist in hohlen Bäumen oder in Holzstößen und unter Reisighaufen, nimmt aber ebenso gern auch Fuchsbaue und Greifvogelhorste als Schlaf- und Ruheplätze an. Aufgrund des hervorragenden Nahrungsangebotes in Städten und Ortschaften hat er sich vor allem dort häuslich eingerichtet. Zur Bejagung des Waschbären eignet sich der Ansitz am Kirrplatz, wo die Art gerne Obst annimmt, sowie die Fangjagd mit der Kastenfalle.

01

01 Während Wildkaninchen vor wenigen Jahrzehnten in hoher Zahl vorkamen, sind die Populationen teils vollkommen erloschen.

02 Mancherorts geben die Besatzgrößen es heute nicht mehr her, auf Wildkaninchen zu jagen.

03 Wildkaninchen fühlen sich im urbanen Bereich pudelwohl.

04 Myxomatose und Chinaseuche (RHD) sorgen für hohe Verluste in Kaninchenpopulationen.

WAS IST MIT UNSEREN WILDKANINCHEN?

Die einst so starken Besätze unserer grauen Flitzer sind vielerorts rapide zurückgegangen. Einst mit diesem Wild gesegnete Reviere sind fast völlig leer.
Dabei kommen die Lapuze eigentlich mit unserer von modernen Anbaumethoden geprägten Landschaft verhältnismäßig gut

02

03

zurecht. Sie waren einst so zahlreich, dass die Probleme, die durch Kaninchen verursachte Wildschäden entstanden, jetzt noch in den Köpfen vieler älterer Weidgesellen gegenwärtig sind. Für Beutegreifer waren Wildkaninchen ein wesentlicher Teil ihrer Nahrung. Ihre Baue nutzten unterschiedliche Tierarten als Versteck oder gar Brutplatz. Somit hatte eine aus heutiger Sicht eher unbedeutende Wildart eine nicht zu unterschätzende Funktion für den Artenschutz in unseren Revieren. Zweifelsohne haben sich die opportunistischen Prädatoren in den einst guten Kaninchenrevieren nun umgestellt. Ihr Druck auf die verbliebenen Beutearten wie Rebhuhn, Fasan und Hase nahm in der Folge deutlich zu. Kaninchen lieben warme, hügelige Reviere mit Grasparzellen und Gebüsch. Sie bevorzugen sandige Böden, lieben Waldränder und Hecken. Häufig erobern sie Parkanlagen und größere Verkehrsinseln in städtischen Bereichen.

Die grauen Flitzer haben somit durchaus erfolgreiche Überlebensstrategien entwickelt. Die großen Lebensraumveränderungen der vergangenen 40 Jahre waren für sie kein limitierender Faktor. Bei der Nahrungssuche sind sie ebenfalls wenig wählerisch und nutzen nahezu sämtliche Kulturpflanzen. Ein wichtiger Grund für den Rückgang der Bestände dürfte das immer häufigere Aufkommen der relativ neuen Krankheit *Rabbit Hämorrhagic Disease* (RHD) sein. Es ist eine hochansteckende Virushepatitis, die Kaninchen befällt und durch ihre Kontaktfreudigkeit untereinander schnell verbreitet wird. Einmal befallen, liegt die Sterblichkeitsrate bei 70–100 %.

04

NOVEMBER

FANG- UND DRÜCKJAGD

Im November und Dezember müssen wir uns um das Wohl des Wildes kümmern. Vor allem für das Niederwild beginnt nun die karge Jahreszeit.

Das Niederwild braucht eigentlich Trockenheit und Wärme, doch das Wetter ist nun kalt und feucht. Zudem wird die Nahrung knapp, es stehen kaum noch Insekten und nur wenig Äsung zur Verfügung. Deshalb ist es jetzt wichtig, alle Fütterungen regelmäßig zu kontrollieren und aufzufüllen. In Gegenden mit hohen Schneelagen müssen die Fütterungen auch immer wieder von Schnee befreit werden. Die Hasen sind dankbar für ein paar Handvoll guten Heus, dass in trockenen Feldgehölzen für sie ausgelegt wird. Gerade im Niederwildrevier ist es gut, die Jagd auf Rehwild und anderes Schalenwild zum Ende des Jahres auf ein absolutes Minimum herunterzufahren oder nur noch dort auszuüben, wo es unverzichtbar ist. Das Niederwild braucht Ruhe – und Ruhe tut überdies auch den übrigen Wildarten sehr gut.

FALLEN FÄNGISCH STELLEN

Nun müssen auch die Fallen fängisch gestellt werden, denn wenn Hase, Fasan und Rebhuhn versuchen, in der kargen Zeit über die Runden zu kommen, werden sie zur leichten Beute für Prädatoren. Diese Fallen müssen ab jetzt selbstverständlich zwei Mal täglich kontrolliert werden, sofern sie nicht mit einem modernen Fangmeldesystem ausgestattet sind, das zwei Mal am Tag per Nachricht über den Fallenstand informiert. Um diese Jahreszeit ist es auch eine gute Idee, Gartenvereine oder Gartenpfleger nach Ästen und Zweigen vom Obstbaumschnitt zu fragen. Hierfür sind diese Gartenfreunde in der Regel offen, denn so ersparen sie sich die Entsorgung. Für uns ist das Prossholz ideal, um neuen Unterschlupf und Notzeitfutter für das Niederwild zu schaffen.

Im Herbst und Winter sind die Erfolgschancen bei der Fangjagd besonders groß.

ANSITZ-DRÜCKJAGD – GUTE ALTERNATIVE

Mit Gemeinschaftsansitzen bzw. kombinierten Ansitz-Drückjagden muss versucht werden, den Jagddruck der permanenten Einzeljagd bis Ende Januar zu vermeiden. Lieber ein- zweimal intensive Bejagung als immer wieder Beunruhigung und Jagd bis auf den letzten Tag der Jagdzeit. Die genannten Jagdarten sind zudem eine gute Alternative zu klassischen Bewegungsjagden wie der Drück- oder der Stöberjagd, die nicht immer ein vorbildliches Aushängeschild für die Jagd darstellen. Lange Autokonvois, 50, 60 Schützen mit ebenso vielen Treibern, laute Hunde und Büchsenknall – das ruft nicht bei jedermann helle Begeisterung hervor. Besetzt werden alle Hochsitze und Leitern an allen bekannten Wechseln und Äsungsflächen noch bevor es anfängt zu dämmern. Wild macht sich relativ wenig aus vorbeifahrenden Autos, solange es dunkel ist. Die Ansitzmöglichkeiten werden in Ruhe besetzt. Zuvor erhält jeder Jäger eine Revierkarte, auf der die Lage seines Sitzes verzeichnet ist, sowie exakte Informationen über seinen Ansitzplatz: wie er ihn erreicht, wo welche Wechsel verlaufen, und ob er ein Dach über dem Kopf hat. Je nach Anzahl der Gäste wird eine entsprechende Zahl revierkundiger Jäger als Gruppenführer vorgesehen. Nicht zu vermeiden ist, dass der eine oder andere Schütze im Wind sitzt. Das allein bringt bereits Unruhe ins Spiel und lässt das Wild in Bewegung geraten. Schützen, die mit gutem Wind sitzen, werden selbstverständlich mehr Anlauf haben. Grundsätzlich werden nur solche Ansitzvorrichtungen besetzt, von denen aus kein anderer Jagdteilnehmer gefährdet werden kann. Angesessen wird bis 8.30 Uhr. Die Jagd ruht dann bis 9 Uhr, damit jeder Jäger sein Wild vorläufig versorgen kann. Anschließend werden die Sitze wieder eingenommen und die aktive Beunruhigung kann beginnen. Wie stark sie ist und wie lange sie dauert, hängt von der Größe und Struktur der Einstände ab.

Bei Ansitz-Drückjagden kommt das Wild den Schützen häufig vertraut und lässt sich so mit sauberer Kugel erlegen.

Die Schützen gehen ihre Stände möglichst ruhig an. Das Wild wird dadurch nicht beunruhigt.

Wenige Treiber bringen das Wild auf die Läufe. Anrühren ist hier besser als Treiben!

WILD ANRÜHREN

Die Treiber sollten dabei keinesfalls laut schreien, sondern einfach nur ruhig gehen – wie Spaziergänger. Es genügt, wenn ab und zu ein Ast unter den Sohlen bricht, sich jeder Treiber dann und wann durch andere Laute oder gelegentliche Rufe bemerkbar macht oder die Treiber sich beim Durchgehen ab und zu untereinander verständigen. Durch diese Vorgehensweise nur leicht „angerührt", springt das Wild nicht hochflüchtig ab, sondern zieht relativ ruhig davon oder verhofft bereits nach wenigen Fluchten, um dann langsam weiterzuziehen. So kann es sorgfältig angesprochen und mit sauberer Kugel erlegt werden. Natürlich muss so eine Jagd gut geplant sein: Jäger, Treiber und Hunde tragen selbstverständlich Warnwesten. Auf die Gültigkeit der UVV weist der Jagdleiter vor Beginn der Jagd und/oder die Ansteller ebenso hin wie auf die freigegebenen Wildarten.

RUHEZONEN SCHAFFEN

Der Energiebedarf des Rehwildes hängt naturgemäß vom Energieverbrauch ab. Dieser entsteht im Wesentlichen durch Bewegungen. Das lässt sich anschaulich am Grundumsatz beobachten: Bei mäßiger Bewegung steigt der Energieverbrauch beim Rehwild um 45 %. Bei schneller Bewegung ist er bereits doppelt so hoch wie im Ruhezustand. Bei angsterfüllter oder panischer Flucht kann der Anstieg sogar 130 bis 210 % betragen. Unruhe im Revier zieht aber nicht nur einen höheren Energiebedarf, sondern auch ernährungsphysiologische Schwankungen nach sich, denn der Rhythmus aus Äsen und In-Ruhe-Wiederkäuen gerät immer wieder aus dem Takt. Jagddruck sorgt selbstverständlich auch für eine Beunruhigung des Wildes. Direkte Störungen durch Menschen sind umso gravierender, je plötzlicher das Wild durch Waldbesucher oder den Jäger über-

Ruhezonen können mit Schildern markiert werden. Waldbesucher werden somit darauf hingewiesen.

Insbesondere in der Umgebung von Ballungsräumen ist der Besucherdruck im Wald teils sehr hoch.

rascht wird. Dabei hat zum Beispiel eine laut sprechende Gruppe von Wanderern kaum negative Störwirkung, solange diese Wanderer die dem Wild bekannten Hauptwege nicht verlassen. Das Wild kann den Ort sowie die Art der Unruhe zuordnen und bleibt wachsam, fühlt sich aber nicht unmittelbar gestört. Darum sind Besucherlenkung und Ruhezonen im Revier so unglaublich wichtig für unser Wild. Im Revier stößt man beim Aufstellen von „Das Wild braucht Ruhe"-Schildern durchaus auch auf Verständnis. Leider zeigen sich aber nicht alle Mitbürger einsichtig. Deshalb ist es sinnvoll, die Pflanzzeit zur Aufwertung der Einstände für unser Wild zu nutzen und diese so zu gestalten, dass zweibeinige Besucher ebenso abgehalten werden wie deren Hunde. **Bei Neuanlagen ist auf Folgendes zu achten:**

— Wo stehen geeignete Flächen zur Verfügung?
— Wo liegen die Flächen in Bezug zu den Wildeinständen?
— Wie sind die Standortverhältnisse (Bodenqualität, Klima, Sonneneinstrahlung) zu bewerten?
— Welche Pflanzen sind für Wild und Boden am geeignetsten?
— Woher kann ich eventuell finanzielle Unterstützung bekommen?

Ideal sind Ruhezonen, die abgelegen und für Besucher unbequem zu erreichen sind und zudem noch Nahrungsangebote in der Nähe bereithalten. So kann sich das Wild zurückziehen und auch dauerhaft in den Zonen bleiben, ohne, von Hunger getrieben, wieder „ausziehen" zu müssen. Schutz vor unerwünschtem Besuch von Ruhezonen bietet alles, was schnell, dicht und möglichst stachelig wächst: Brombeere, Schwarz- und Weißdorn, Holunder, Heckenkirsche, Wildapfel, Schlehe, Heckenrose oder Wildbirne. Findet man jetzt noch ein Fleckchen für einen Wildacker, sind die Bedingungen recht gut. Entweder sät man dort eine klassische Wildmischung ein, die zahlreiche Hersteller in unterschiedlichsten Mischungen anbieten oder mischt das Saatgut selbst zusammen: Hafer, Gerste, Weizen. Sonnenblumen, Raps, Ölrettich, verschiedene Kleesorten, Topinambur und Rüben. Der Fantasie sind hier keine Grenzen gesetzt, solange alles ins Nahrungsspektrum der heimischen Wildarten passt.

NISTKÄSTEN REINIGEN

Jetzt im Herbst müssen auch die Nistkästen gereinigt werden, denn die Nester darin werden nicht wieder von den Vögeln verwendet und dienen nur Parasiten als Unterschlupf. Die Kästen können auch schadlos mit Desinfektionsmitteln behandelt werden. Saubere Nistkästen werden wesentlich besser im Folgejahr wieder angenommen.

Aus der Art des Nestbaus lässt sich auf die jeweiligen Bewohner schließen.

MÄUSEBURG

Luderplätze mit Mäuseburgen zu kombinieren, ist zweckmäßig. Der Vorteil dieser Kombination besteht darin, dass Raubwild hier noch Mäuse erbeuten kann, wenn die Köder des Luderplatzes schon abgeräumt sind. Zur Stabilisierung einer solchen Mäuseburg wird zunächst eine Fläche von einem Meter Breite und 1,50 Meter Länge etwa 30 Zentimeter tief ausgehoben. Auf den Boden der flachen Grube stellt man mittig ein etwa 50 Zentimeter langes Kunststoffrohr. Das untere Rohrende erhält eine Aussparung, sodass die Mäuse mühelos an die von oben eingeworfenen Getreidekörner gelangen, um sie in ihr Nest zu tragen. Rund um das Rohr wird Stroh und Getreidekaff in die ausgehobene Fläche geschüttet. Die ganze Anlage umbaut man an allen Seiten mit Strohballen. An einer Längsseite bleibt zwischen den Strohballen ein zehn Zentimeter breiter und hoher Spalt, durch den das Raubwild Mäuse jagen kann. Ein kleines Dach schützt den Schacht und das Stroh vor Regen und Schnee.

Nach der Brutsaison werden die aufgehängten Nistkästen gereinigt.

Durch das Ausbringen von Futter in einer Mäuseburg werden die kleinen Nager angelockt.

DEZEMBER

PFLANZZEIT ZUM JAHRESENDSPURT

Das Jagdjahr geht auf das letzte Drittel zu. Der Schalenwildabschuss ist im Dezember idealerweise erfüllt und ins Revier kann weitestgehend Ruhe einkehren.

Luderplätze werden weiterhin beschickt und die Sauen sollen an die Schwarzwildkirrungen kommen. Neben Hirschbrunft und Blattzeit ist die Rauschzeit zweifelsohne ein weiterer Höhepunkt im Jagdjahr. Diese Zeit erkennen wir an der erhöhten Unruhe im Revier. Bei den Rotten stellen sich jetzt zudem Keiler ein, die während des ganzen Jahres nicht im Revier beobachtet oder gefährtet wurden. Ihr Speichelschaum ist jetzt an Kirrungen und Malbäumen zu finden, denn mit der Absonderung dieses Schaums signalisieren rauschige Keiler gegenüber ihren Geschlechtsgenossen ihren Herrschaftsanspruch. Wo die Sozialstrukturen noch intakt sind, rauschen etwa 85 Prozent unseres gesamten Schwarzwildes in den Monaten November und Dezember. Frischlingsbachen werden – natürlich in Abhängigkeit von ihrer körperlichen Entwicklung – in der Regel erst ab Mitte Dezember rauschig. Aus unterschiedlichsten Gründen können aber über das ganze Jahr hinweg einzelne Stücken rauschig werden. In der Nähe einer rauschigen Rotte anzusitzen, ist ein fesselndes Erlebnis. Weithin ist das Klagen der Bachen zu vernehmen, wenn sie „protestieren“ oder die Keiler abwehren, das Werbegrunzen und Kampfgeschrei rivalisierender Keiler ist ebenso zu hören wie das Knacken und Brechen auch stärkerer Äste unter dem Gewicht schwerer Wildkörper.

In der Ranz sind Füchse auch bei Tageslicht aktiv.

Mit dem Beginn der Rauschzeit gesellen sich die Keiler zu den weiblichen Stücken.

Erfahrene weibliche Stücke sind für die Rottenstruktur wichtig.

FRISCHLINGE IM FOKUS

„Leitbachen halten Frischlinge von der Rausche ab" oder „Fehlt die Leitbache, frischen die geringeren Überläufer und Frischlinge, wann sie wollen!" Nein, diese Thesen sind überholt und nicht haltbar, darüber sind sich die Experten inzwischen einig. Leitbachen verhindern nicht die Rausche und den Beschlag von Frischlingsbachen. Allein das Körpergewicht der weiblichen Frischlinge spielt eine Rolle. Gerade im ersten Lebensjahr ist bei diesen jungen Stücken eine Hormonproduktion nicht so stark vom Wechsel der Tageslichtstärken abhängig wie bei älteren. Deswegen können sie zu jeder Zeit rauschig werden. Wie jede andere Tierart nutzt auch das Schwarzwild sein Fortpflanzungspotenzial in allen Altersklassen aus. Das soll nicht heißen, dass wir keine Rangordnung in den Rottenverbänden brauchen! Leit- und ranghohe Bachen haben große Bedeutung für das Raum-Zeit-Verhalten der Rotten und damit unter anderem für das Ausmaß von Wildschäden und deren Eindämmung. Kaum etwas ist nervenaufreibender als marodierende Frischlings- und Überläuferrotten, die sich schwer kontrollieren lassen, zu- und abwandern, mal hier, mal dort auftauchen und unvorhersehbar zu Schaden gehen. Wie bekommen wir also das Schwarzwild auf ein tragebares Niveau ohne ständig steigende Zahlen?

LÜNEBURGER MODELL

Das Lüneburger Modell wurde Ende der 1960er-Jahre von Norbert Teuwsen entwickelt, einem Landwirt, Forstmann und Kreisjägermeister im Regierungsbezirk Lüneburg. Ziel war es, mittels dieses Systems die Sauenbestände nachhaltig zu bejagen. Und das nicht zuletzt, weil die damalige Art und Weise, die Sauen zu bejagen, zu Schwarzwildbeständen geführt hatte, die hinsichtlich Altersstruktur und Gewichten der Stücke weit entfernt von dem waren, was man gesund nennen konnte. Die Jagdstrecken des Schwarzwildes waren im Durchschnitt zu jung und brachten aufgebrochen altersbezogen zu wenig Gewicht auf die Waage. Gemäß Lüneburger Modell wird klar und konsequent nach Gewicht und nicht, oder nur sehr bedingt, nach Altersklassen gejagt.

Nach dem Lüneburger Modell soll der Schwerpunkt der Bejagung bei Sauen auf Frischlingen liegen.

Hierzu hat Teuwsen ein paar einfache Regeln erstellt:

— Maximaler Eingriff bei den Frischlingen
— Maximaler Eingriff bei den Überläufern – mit Schwerpunkt auf Überläuferbachen
— Mäßiger und selektiver Eingriff in allen anderen Altersklassen

90 % der Schwarzwildstrecke sollen auf die Jugendklassen entfallen und nur 10 % auf zweijährige und ältere Sauen. Dementsprechend sind Frischlinge früh – spätestens, wenn sie ihre Streifen verlieren – und scharf zu bejagen. Sauen über 50 kg werden weitgehend geschont und mit Bedacht entnommen, der deutliche Schwerpunkt liegt hier auf weiblichen Stücken. Die Bejagung folgt restriktiv der Selektion sehr junger, sehr alter oder schwacher Individuen. In jedem Fall ist ein Stamm erfahrener Bachen zu erhalten. Soweit alles klar: 90 % Jugendklasse, 10 % Altersklasse – aber bitte selektiv. Richtig spannend wird es in den Altersklassen, denn hier sollen, wie oben beschrieben, zwei Dinge berücksichtigt werden: ab 50 kg ist zu schonen und nur noch überaus selektiv zu entnehmen. Da der der Schwerpunkt, insbesondere bei den Überläufern, auf den Bachen zu liegen hat, müssen also Überläuferkeiler und Überläuferbache unterschieden werden. Um hier sauber anzusprechen, muss man nicht nur mit dem Schwarzwild allgemein und dessen Soziologie tiefergehend vertraut sein. Man muss außerdem auch die Bestände in seinem Revier so gut kennen, um unterscheiden, bewerten, ansprechen und selektieren zu können. Die Vorgaben verlangen also nicht nur Praxiswissen, sondern auch regelmäßige Ansitze, um über die Bestände im eigenen Jagdbogen optimal Bescheid zu wissen.

Bei Überläufern sollen nach dem Bejagungsmodell möglichst weibliche Stücke erlegt werden.

Gerade beim Schwarzwild ist es wichtig, mit einem Konzept zu jagen und vor allem: sich daran zu halten. Und nicht nach dem Motto: „Natürlich jage ich nach dem Lüneburger Modell – aber einen Keiler schießt man ja nicht alle Tage." Ein Konzept basiert auf Idee, Ziel und Handlungsrahmen. Nur bei Einhaltung des Rahmens (in der Beratung spricht man hier von „Framework" oder „Manifest"), lässt sich überhaupt prüfen, ob ein Vorgehen zielführend ist. Jede Ausnahme hat eine direkte Auswirkung auf die Zielerreichung. Im Grunde nach einem Konzept zu jagen, das aber hier und da im eigenen Interesse zu optimieren oder zu ändern, ist wie „ein bisschen schwanger". Ergo: Entweder jage ich nach dem Lüneburger Modell – oder nicht. Im letzten Fall sollte man aber nach einem anderen Konzept jagen.

Dichte Heckenstrukturen bieten dem Wild Deckung.

PFLANZZEIT

Neben dem Frühjahr sind die Monate November und Dezember ideale Monate zum Pflanzen. Alle Maßnahmen bedürfen etwas der Vorbereitung, denn eine Hecke z. B. will geplant sein. Je nach deren Maßen sollte man sich einen groben Pflanzplan erstellen, der die spätere Auslage der Pflanzen berücksichtigt. Man pflanzt schnell zu eng. Das macht das Vorhaben teurer, ohne einen besseren Effekt zu erzielen. Ziel ist ein dreistufiger Aufbau von Feldhecken: von knie- bis hüfthoch am Rand über grobe Brusthöhe im Übergangsbereich bis hin zu zwei bis drei Meter hohem Bewuchs in der Mitte. Ganz wichtig: Dicht uns stachelig soll es sein. Während sich am Rand kleine Büsche oder Brombeeren anbieten, kann man den zweiten Gürtel aus halbhohen Büschen gut mit Miscanthus aufwerten. In den Kernbereich kommen dann die höher wachsenden Heckenpflanzen. Wichtig sind stachelreiche Arten wie Heckenrose, Brombeere, Weißdorn und Schwarzdorn (Schlehe). Abgerundet wird das Sortiment durch Haselnuss, Pfaffenhütchen, Holunder, Schneeball, Kornelkirsche, Roter Hartriegel sowie Vogelbeere und in Gewässernähe ein paar Weiden oder Pappeln. Wenn der Gartenbauverein um die Ecke noch ein paar Kirsch-, Apfel- oder Birnenbäumchen übrig hat, können auch diese mitverpflanzt werden. Speziell die genannten Heckenarten kann man durch Stecklinge leicht selbst vermehren, in dem man Abschnitte bis zur Wurzelbildung in Wasser stellt und dann verpflanzt. Damit sollte man allerdings nicht bis zum Wintereinbruch warten, denn anders als bei Ballenpflanzen müssen Stecklingswurzeln noch verwachsen können. Nach dem Pflanzen ist etwas Geduld nötig – aber keine Sorge: Am Ende geht es schneller, als man glaubt, und schon wird die Pflege der Hecke erforderlich, damit diese auch dicht und dornig bleibt.

WILDBRET DIREKT VERMARKTEN

Hochkonjunktur hat in der Vorweihnachtszeit der Wildbretverkauf für alle Revierinhaber. November und vor allem Dezember sind dank der bevorstehen Festtage optimale Vermarktungszeiten, anschließend bricht die Nachfrage meist schlagartig ein. Die höheren Erlöse erzielt man in der Regel beim Verkauf an Private. Und es ist natürlich immer gut, die Werbetrommel für den Verkauf einheimischen Wildbrets ordentlich zu rühren. Die jagdliche Beute wurde von Sommer bis Herbst küchenfertig zerwirkt und bestens für den Verkauf hergerichtet, heute also in aller Regel auch vakuumiert. Vakuumiertes Wildbret ist nicht nur optisch ansprechender, sondern vor allem auch optimal geschützt, z. B. vor Gefrierbrand. Nachlässigkeiten, die bei Eigenverwertung mitunter hingenommen werden, sind bei einer Fremdvermarktung unter allen Umständen auszuschließen. Privatkunden sollen zu Stammkunden werden – und möglichst sogar zu Befürwortern der Jagd. Ohnehin ist Wildbrethygiene auf höchstem Niveau längst jagdlicher Standard und hat wie Lebensmittelhygiene generell für den Verbraucher einen hohen Stellenwert. Jägerinnen und Jäger werben also mit Recht für ihr hochwertiges Wildbret aus heimischen Revieren. Einen Qualitätsvergleich brauchen wir nicht zu scheuen.

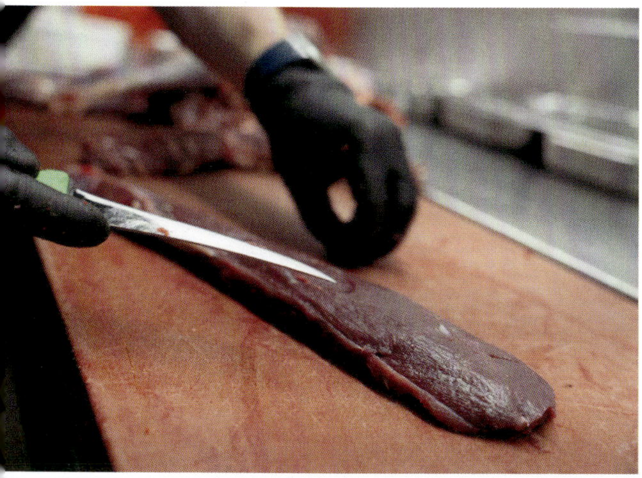

Damit Wildbret gut vermarktet werden kann, sollte es möglichst küchenfertig hergerichtet werden.

Wildfleisch ist insbesondere in der Weihnachtszeit bei Verbrauchern sehr beliebt.

SERVICE

REGISTER

DER AUTOR

Hartwig Görtler, Baujahr 1973 und gebürtiger Niedersachse, ist hauptberuflich als Interim-Manager tätig und saniert im Rahmen seiner beruflichen Tätigkeit mittelständische Unternehmen. Er lebt mit seiner Familie im Landkreis Starnberg in Oberbayern. In seinem 860 Hektar großen Revier zwischen München und Fürstenfeldbruck, das er gemeinsam mit seinem Sohn Thilo und in enger Zusammenarbeit mit den örtlichen Landwirten bewirtschaftet, hat der passionierte Jäger seit Pachtbeginn viel in den Themenfeldern Jagd sowie vor allem Reviergestaltung ausprobiert. Jagd ist für ihn vor allem Hege. So hat der Falkner sein Revier, das etwa zwei Drittel Feldanteil hat, über die Jahre konsequent weiterentwickelt. Neben der Hege der jagdlich relevanten Wildarten haben sich auch teils bedrohte Arten in seinem Revier angesiedelt. Als Beispiele seien hier die Schnepfe, der Kiebitz sowie der Wiedehopf genannt. Ein weiteres Steckenpferd von Hartwig Görtler ist die jagdliche Öffentlichkeitsarbeit. So tut er viel dafür, dass die positiven Aspekte der Jagd auch in das Publikum von Nichtjägerinnen und Nichtjägern transportiert wird.
Der Autor ist seit über 20 Jahren Jäger, Führer eines Deutsch Kurzhaar sowie Falkner. Seit vielen Jahren ist er als Vorsitzender des Kreisjagdverbands Starnberg e. V. aktiv und setzt sich für die Belange der Jägerschaft auf Kreis- und Landesebene ein. Als Referent für Jagdrecht an einer Jagdschule gibt er sein Wissen an angehende Jungjägerinnen und Jungjäger weiter. Jagdlich hat sich Görtler dem Niederwild verschrieben. Rund um die Niederwildhege ist er ein gefragter Fachautor in verschiedenen Fachmagazinen und hält Vorträge zu diesem Thema.

BILDNACHWEIS

Mit 214 Farbfotos von AdobeStock/sebgsh S. 2, /Dusan Kostic S. 6-7 m., /Locusart S. 8, /bwagner S. 9, /Robert S. 12, /juste dev S. 13 l., /Юрій Балагула S. 13 r., /Maria S. 14-15 M., /Kalle Kolodziej S. 15 o. r., /Heike S. 17 o., / Janni S.18, /prochym S. 19 u., /Konrad Weiss S. 20 u., /lichtbildmaster S. 20-21 M., /Nadine Haase S. 22, /denis S. 23, /AlexGo S. 24 r., /Richard Hadfield S. 25, /Vladyslav Siaber S. 26 l., /Johannes S. 26-27 M., /keBu.Medien S. 27 o. r., /berner51 S. 30 o., /Anja S. 30 M. l., /Sven Böttcher S. 30-31, /Klaus S. 31 r., /Janice S. 32 l., /Countrypixel (7) S. 34 u., 59 u., 65 o. l., 66-67 M., 67 o. r., 110, 116 o., /H. Rambold S. 34-35 M., /ingwio S. 36, /Martin Grimm S. 38 u. l., /AlDa.videophoto S. 39 o. l., /Robert Schneider S. 42 o. l., /Animaflora PicsStock (2) S. 42-43 M., 43 u., /missmafalda S. 43 o., /mgnikon S. 44, /Robert Kneschke S. 45, /ronstik S. 46, /Winfried Rusch S. 50 u., / Markus S. 51 o., /fl0rian S. 51 u., /bildreif S. 52 o. l., /Klaus Nowottnick S. 53 o. r., /Karin Jähne S. 54, /mreco S. 55 o., /photodigitaal.nl S. 55 u., /photohunter S. 58, /Schmutzler-Schaub S. 59 o., /Patrick (2) S. 60 alle, /szczepank S. 61 o., /Michael S. 62 o., /Björn Kristersson S. 62 u., /Rolf Müller S. 64 u. l., /Thomas S. 64 u. r., /ondrejprosicky S. 65 o. r., /Valkantina S. 67 u., /Aonprom Photo S. 68 o., /donikz S. 68 u., /WildMedia S. 69 o., /Soru Epotok S. 71, / Möwe S. 72, /beataaldridge S. 73 o., /Aggi Schmid S. u. l., /Sarah S. 73 u. r., /predragl S. 74, /Marla S. 75, /Karlos Lomsky S. 76 o. l., /mtatman S. 78 o., /brunokl S. 78 u., /globetrotterl S. 79, /Peter Binó S. 80, /Klaus Haase S. 84, /Christina Kohnen S. 85, /focus finder S. 86, /Klaus Brauner S. 87, /Hseyin S. 89 o., /Shakarrigrafie S. 91 u. r., / Adam S. 92 u. l., /jmw S. 92 u. r., /sci S. 93 o. l., /Moorland Roamer S. 94, /Branislav S. 95, /czjonyyy S. 98 o. l., / Core S. 99 o., /Eduardo S. 99 u., /imageBROKER S. 100, /S.H.exclusiv S. 101 u., /Mike S. 103, /Photohunter S. 104 o., /RioPatuca Images S. 104 u.., /chaiko S. 105 u., /Oliver 106 u., /penofoto.de S. 107, /Morev_N S. 111, / juan Mª Alises S. 112 o. l., /santo233 S. 112 o. r., /Ewald Fröch S. 114 o., /Anjas.Fotowelt S. 115 l., /Ludwig S. 115 r., /redaktion93 S. 116 u., /Maarten S. 117 l., /Menno Schaefer S. 118 o., /Markus S. 119 l., /Otto Durst S. 119 r., /Jan Novak S. 120 l., /Colin S. 120-121 M., /bennytrapp S. 121 r., /J.C.Salvadores S. 122 o., /Olesia Bilkei S. 123 o., /Patricia S. 123 u., /Dieter Hopf/imageBROKER S. 124, /Vedrana S. 126, /Michael Fritzen S. 128-129 M., /irottlaender S. 129 l., /Влад Варшавский S. 129 r., /photocech S. 130, /Klaus S. 131 u., /Bomenius S. 132, /die.wilddiebin S. 133 u., /creativenature.nl S. 134-135 M., /juefraphoto S. 135 u. r., /omasz Zajda S. 136-137, /Budimir Jevtic S. 138, /jsr548 S. 139, /OvidiuDaniel S. 140, /Bergringfoto S. 144; Karl-Heinz Volkmar (28) S. 17 u., 19 o., 32-33 M., 41, 50 o., 52-53 M., 56-57 M., 63 u. r., 70, 76 o. r., 77 u., 82-83 M., 89 u., 90-91 M., 95 u., 102 beide, 105 o., 109 beide, 113 beide, 117 r., 118 u., 122 u., 125, 127 l., 131 o., 133 o.; Hartwig Görtler (26) S. 4, 5, 6 l., 7 r., 11, 14 u. l., 16, 24 l., 28 alle (3), 35 r., 38 u. r., 40 l., 47 u., 48 u. r., 49, 52 u. l., 61 u., 66 o. l., 69 u., 82 u. l., 88 u., 108 beide, 141; Markus Lück (18) S. 10, 21 u., 27 u., 33 r., 34 o. l., 47 o., 48 u. l., 57 r., 81, 83 o. r., 83 u., 90 o., 93 o. r., 96 o., 97 u., 127 r., 128 l., 135 u. l.; Oliver Wolff S. 39 o. r., 88 o., 114 u.; Johannes Maidhof (3) S. 76 u., 101 o., S. 106 o.

IMPRESSUM

Umschlaggestaltung von Büro Jorge Schmidt unter Verwendung von 1 Farbfoto von AdobeStock/focus finder

Mit 215 Farbfotos

Unser gesamtes Programm finden Sie unter **kosmos.de.**
Über Neuigkeiten informieren Sie regelmäßig unsere Newsletter, einfach anmelden unter **kosmos.de/newsletter**

Gedruckt auf chlorfrei gebleichtem Papier

ISBN 978-3-440-18228-4
Projektleitung: Markus Lück
Redaktion: Markus Lück, Ekkehard Ophoven
Gestaltungskonzept: Peter Schmidt Group GmbH, Hamburg
Gestaltung und Satz: DOPPELPUNKT, Stuttgart
Produktion: Vanessa Frömmig
Druck und Bindung: Westermann Druck Zwickau GmbH, Zwickau
Printed in Germany / Imprimé en Allemagne

FSC
www.fsc.org
MIX
Papier | Fördert gute Waldnutzung
FSC® C110508